Leitfaden
für den Unterricht in Stein-, Holz- und
Eisenkonstruktionen

an maschinentechnischen Fachschulen

Von

Professor Dipl.-Ing. L. Geusen

Studienrat an den Staatl. Vereinigten Maschinenbauschulen
in Dortmund

Zweite
vermehrte und verbesserte Auflage

Mit 173 Textabbildungen

Berlin
Verlag von Julius Springer
1923

ISBN-13:978-3-642-47174-2   e-ISBN-13:978-3-642-47490-3
DOI: 10.1007/978-3-642-47490-3

Vorwort zur 1. Auflage.

Der vorliegende Leitfaden verdankt seine Entstehung einer Anregung des Direktors der Staatl. Höheren Maschinenbauschule in Stettin, Herrn Prof. Brahtz. Sein Zweck ist ein doppelter: einmal das Diktat im Unterricht zu ersetzen und die dadurch gewonnene Zeit den Konstruktionsübungen bereitzustellen, dann aber zur Unterstützung dieser Übungen selbst mustergültige Beispiele der wichtigsten Einzelanordnungen zu bieten.

Der Umfang geht nicht über das durch den Lehrplan für die Höheren Maschinenbauschulen Vorgeschriebene hinaus; trotzdem zwang die Rücksicht auf die Preisstellung noch dazu, alles auf die Berechnung der Konstruktionen Bezügliche in Kleindruck zu setzen. Dadurch ergab sich aber andererseits zwanglos der Vorteil, den Leitfaden auch an den Maschinenbauschulen verwenden zu können, deren Lehrgebiet das in Großdruck Gesetzte umfaßt; der rechnerische Teil wird für diese Schulen zu Übungsaufgaben in der Mechanik (besonders in der 1. Klasse) und für die in das Eisenkonstruktionsfach übertretenden Schüler als Führer zur Weiterbildung willkommen sein.

Für die Konstruktionsübungen in der Höheren Maschinenbauschule wäre die Aufnahme der Sonderkonstruktionen der Masten sowie der einfachen Kran- und Brückenbauten nicht ohne Wert gewesen; die Rücksicht auf das vorgeschriebene Lehrgebiet sowie auf Umfang und Preis des Leitfadens ließ es aber schließlich als zweckmäßig erscheinen, diese Konstruktionen in einem besonderen zweiten Heft zu behandeln, das voraussichtlich in Jahresfrist erscheinen wird.

Herrn Direktor Prof. Brahtz und seinem Lehrerkollegium bin ich für die gegebene Anregung und Unterstützung in gleicher Weise wie der Verlagsbuchhandlung für ihr allzeitiges Entgegenkommen zu Dank verpflichtet.

Dortmund, im September 1914.

L. Geusen.

Vorwort zur 2. Auflage.

Um der beim Unterricht erkannten Notwendigkeit Rechnung zu tragen, noch mehr Zeit als bisher für die rechnerischen und zeichnerischen Übungen in den Eisenkonstruktionen zu gewinnen, sind die Stein- und Holzkonstruktionen in ihren Grundzügen in den Leitfaden aufgenommen, soweit ihre Kenntnis als Allgemeingut eines jeden Technikers und für die Gesamtanordnung eiserner Hochbauten unentbehrlich ist. Bei der in der heutigen Zeit wohlverständlichen Beschränkung in Wort und Bild verfolgt die Aufnahme dieser Konstruktionen lediglich den Zweck des Zeitgewinnes durch Vermeidung des Diktats.

Bei den Eisenkonstruktionen sind einige heute wenig oder gar nicht mehr verwendete Konstruktionen ausgeschaltet, im übrigen aber der frühere Umfang und Lehrgang beibehalten.

Die Ungunst der Zeiten hat den Plan, in einem zweiten Heft das Gebiet der Masten, Kran- und Brückenbauten zu behandeln, noch nicht zur Vollendung kommen lassen.

Der Verlagsbuchhandlung fühle ich mich für die Erfüllung meiner Wünsche auch bei dieser 2. Auflage zu besonderem Dank verpflichtet.

Dortmund, im August 1923.

L. Geusen.

Inhaltsverzeichnis.

Konstruktionen in Stein . . . . 1— 9

    I. Baustoffe 1

    II. Herstellung der Mauern 3

    III. Maueröffnungen 5

    IV. Gewölbe 7

    V. Fabrikschornsteine 9

Konstruktionen in Holz . . . . 10—15

    I. Baustoffe 10

    II. Fachwerkwände 11

    III. Hängewerke 12

    IV. Dachkonstruktionen 13

Konstruktionen in Eisen . . . . 16—61

    I. Baustoffe 16

    II. Verbindungsmittel 17

    III. Träger 22

    IV. Säulen 30

    V. Verwendung des Eisens zu Decken 37

    VI. Berechnung von Fachwerkträgern 39

    VII. Dachkonstruktionen 45

    VIII. Dachdeckungen 52

    IX. Fachwerkwände 58

    X. Treppen 59

Konstruktionen in Stein.

I. Baustoffe.

A. Natürliche Steine.

Feste Steine in ganzen Gebirgen;

lose Steine als Gerölle (scharfkantig) und Geschiebe (rundlich).

Sie werden aus den Gebirgen als Bruchsteine (mit unregelmäßiger Gestalt) gewonnen und durch den Steinmetz zu Werksteinen (Hausteinen, Quadern mit geraden Kanten und Flächen) bearbeitet.

Widerstandsfähiger gegen Druck und Abnutzung, aber teurer als künstliche Steine.

Die für Fabrikbauten wichtigsten natürlichen Steine sind:

1. *Granit:* quarzreich, daher hart und wetterbeständig.
2. *Basalt:* Tafel- und Säulenbasalt. Basaltkleinschlag. *Basaltlava:* guter Baustein.
3. *Bimsstein:* Bimssand zur Herstellung von Schwemmsteinen (vgl. B 2).
4. *Tuffstein:* gemahlen als Traß (Traßmörtel vgl. C 2).
5. *Sandstein:* Miltenberger, Solenhofener, Ruhrkohlensandstein.
6. *Tonschiefer:* Dachschieferplatten zum Eindecken der Dächer.
7. *Gips* (schwefelsaurer Kalk $CaSO_4$): a) Stuck- oder Bildhauergips (bis 130^0 gebrannt) erhärtet mit Wasser angemacht rasch unter Volumvergrößerung. Decken- und Wandputz. Rabitzputz (Kalkmörtel $+$ Gips auf Drahtgeflecht). Gipsdielen. b) Estrichgips (bis 400^0 gebrannt) erhärtet, mit Wasser angemacht, langsam zu einer festen wetterbeständigen Masse. Gipsmörtel. Gipsestrich.
8. *Kalkstein* (kohlensaurer Kalk $CaCO_3$): Marmor. Kreide. Mörtelbereitung (vgl. C 1).
9. *Sand:* Grubensand (scharfkantig) — Flußsand (rundlich).
10. *Ton.* Lehm $=$ Ton $+$ Sand.

B. Künstliche Steine.

1. Gebrannte Steine, hergestellt aus Lehm. Dieser wird entweder von Hand (Sandstrich- und Wasserstrichverfahren) oder mit der Ziegelformmaschine zu Steinen geformt, darauf an der Luft oder in besonderen Trockenschuppen getrocknet und endlich gebrannt. Das Brennen im Feldofen liefert bei vielem Abfall ungleichmäßig gebrannte, aber billige und für viele Zwecke ausreichend feste Steine. Das Brennen im Ringofen gestattet einen ununterbrochenen Betrieb und die Erzeugung großer Mengen gleichmäßig gebrannter Steine bei geringem Brennmaterialbedarf.

Die wichtigsten Erzeugnisse des Ringofens sind:

a) *Ziegelsteine* (Normalformat $25 \times 12 \times 6{,}5$ cm); man unterscheidet Mauerziegel 2. Klasse mit 100 kg/qcm, Mauerziegel 1. Klasse mit 150 kg/qcm und Hartbrandsteine mit 250 kg/qcm Mindestdruckfestigkeit.

b) *Klinker:* bis zum Verglasen (Sandzusatz) gebrannte Steine; sehr hart (350 kg/qcm Mindestdruckfestigkeit) und wasserundurchlässig.

c) *Loch-* oder 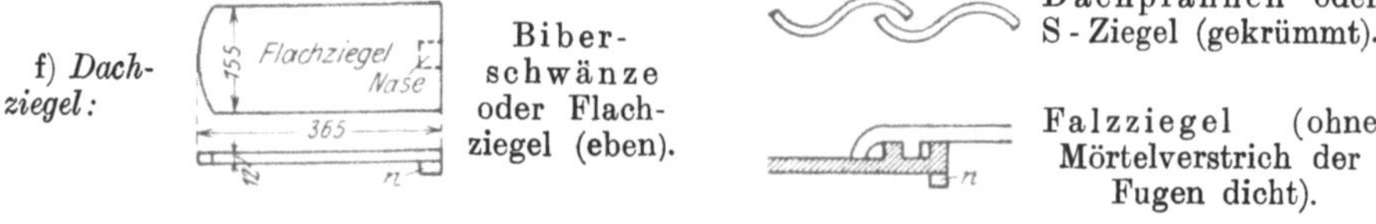 geringeres Gewicht; gleichmäßiger Brand; bessere Mörtel-
Hohlsteine: erhärtung (vgl. C 1); Schutz gegen das Durchdringen von Schall, Kälte und Feuchtigkeit (vgl. II).

d) *Verblendsteine:* aus bestem Ton besonders sorgfältig hergestellt und gebrannt zur äußeren Verkleidung der Mauer; meist glasiert und dann wasserundurchlässig. Mettlacher Platten zum Belegen der Fußböden (Fliesen) und Bekleiden der Wände.

e) *Chamottesteine:* feuerfeste Steine aus einer Mischung von frischem Ton mit bereits gebranntem, gemahlenem Ton (Chamotte).

f) *Dach-*
ziegel:

Biber-
schwänze
oder Flach-
ziegel (eben).

Dachpfannen oder S-Ziegel (gekrümmt).

Falzziegel (ohne Mörtelverstrich der Fugen dicht).

2. Ungebrannte Steine.

a) *Schwemmsteine:* Kalkbrei $+$ Bimssand werden zu Steinen geformt und an der Luft getrocknet. Mindestdruckfestigkeit 20 kg/qcm; geringes Gewicht (1000 kg/cbm); wasser-, wärme- und feuersicher.

b) *Schlackensteine:* Kalkbrei $+$ granulierte (gekörnte) Hochofenschlacke.

c) *Kalksandsteine:* Sand $+$ 6 bis 10 v. H. Kalk zu Steinen gepreßt und in Härtekesseln unter hohem Dampfdruck gehärtet. Mindestdruckfestigkeit 140 kg/qcm.

d) *Korksteine:* schwarze Korksteine $=$ Pech $+$ Korkabfälle; sehr leicht und wärme-undurchlässig. Korkisolierschalen zum Wärmeschutz für Dampfrohre.

C. Mörtel.

1. Luftmörtel (Kalkmörtel) erhärtet nur an der Luft und besteht aus 1 Teil Kalkbrei auf 2 bis 3 Teilen Sand. Der Sandzusatz hat (neben der Verringerung der Kosten) das zu starke Setzen der Mauer zu verhindern.

Gewinnung des Kalkbreis: Brennen des Kalksteins ($CaCO_3$) im Ringofen oder in besonderen Kalköfen zur Ausscheidung der Kohlensäure: $CaCO_3 - CO_2 = CaO$ (gebrannter Kalk). Der so gewonnene gebrannte Kalk wird mit Wasser zu Kalkbrei gelöscht: $CaO + H_2O = CaH_2O_2$ (Kalkbrei oder gelöschter Kalk).

Erhärtung des Mörtels durch Abgabe von Wasser an die Luft und gleich-zeitige Aufnahme von Kohlensäure aus der Luft: $CaH_2O_2 - H_2O + CO_2 = CaCO_3$ (kohlen-saurer Kalk).

Im Sommer Annässen der Ziegelsteine, damit diese dem Mörtel das Wasser nicht entziehen. Bei dicken Mauern die Anordnung von Luftschichten oder die Verwendung von Hohlsteinen zur Beschleunigung der Mörtelerhärtung.

2. Wassermörtel (hydraulischer Mörtel) erhärtet nicht nur an der Luft, sondern auch unter Wasser und besteht im wesentlichen aus Kalk $+$ Ton.

a) *Hydraulischer Kalkmörtel,* gewonnen aus:

α) hydraulischem Kalkstein, d. i. Kalkstein mit 20 bis 40 % Ton-gehalt, der gebrannt, gemahlen und dann mit Sand und Wasser zu Mörtel verarbeitet wird (Romanzement).

β) Kalkmörtel und hydraulischem Zuschlagmittel, z. B. Traß (Traßmörtel).

b) *Zementmörtel:* Zement wird trocken mit Sand gemischt und dann mit Wasser zu Mörtel verarbeitet.

Zement (Portlandzement) ist ein aus einer bestimmten Mischung von Kalk und Ton durch Brennen und Feinmahlen hergestelltes grünlich-graues Pulver. „Deutsche Normen für die einheitliche Lieferung und Prüfung von Portlandzement."

Eisenportlandzement besteht aus einer Mischung von mindestens 70% Portlandzement mit höchstens 30% gekörnter, fein vermahlener Hochofenschlacke.

Hochofenzement besteht aus basischer, fein gemahlener Hochofenschlacke mit einem Mindesgehalt von 15% Portlandzement.

Kalkzementmörtel (verlängerter Zementmörtel) = Kalkmörtel + Zement.

Eternit: Zement + Asbest; geringes Gewicht (17 kg/qm für 1 cm Dicke) und wärmesicher; zur Dacheindeckung in 4 bis 25 mm starken Platten von 120 mm Breite und 1200 bis 4000 mm Länge.

D. Ungeformte Massen.

1. Beton (Zementbeton): Zement + Zuschlagstoffe (Sand, Kies, Grus, Steinschlag). Das Verhältnis von 1 Raumteil Zement zu der Zahl der ihm zugefügten Raumteile Zuschlagstoffe nennt man das Mischungsverhältnis.

Bimsbeton: Zement + Bimssand + Kiessand.

Schlackenbeton: Zement + gekörnte Hochofenschlacke + Kiessand.

2. Asphalt: natürlicher Asphalt (aus Asphaltstein gewonnen) besser, aber auch teurer als künstlicher Asphalt (Steinkohlenteer). Wasserundurchlässig und fäulniswidrig.

Guß- und Stampfasphalt zur Herstellung der Fußböden.

Asphaltpappe: 2 mm starke Pappe mit Asphalt durchtränkt und beiderseits mit feinem Sand übersiebt. Ruberoid ist eine besonders zubereitete Pappe.

Asphaltisolierplatten: 5 mm starker Filz mit Asphalt durchtränkt und beiderseits mit grobem Sand übersiebt.

II. Herstellung der Mauern.

A. Mauern aus künstlichen Steinen.

1. Zur Herstellung des Mauerverbandes sind $\frac{1}{1}$, $\frac{3}{4}$ und $\frac{1}{2}$ Steine mit 25, 18,5 und 12 cm Länge erforderlich. Mehrere in einer Ebene neben- und hintereinander gelegte Steine bilden eine Schicht, und zwar:

a) *Läuferschicht:* die Steine liegen mit ihrer 25 cm langen Seite parallel der Mauerflucht und heißen Läufer.

b) *Binderschicht:* die Steine liegen mit ihrer 25 cm langen Seite rechtwinklig zur Mauerflucht und heißen Binder.

c) *Rollschicht:* eine hochkant gestellte Binderschicht.

Die Zwischenräume zwischen den Steinen heißen Fugen, und zwar:

a) *Lagerfugen:* die Fugen zwischen den einzelnen Schichten, i. M. 1,2 cm stark, so daß 13 Schichten auf 1 m Mauerhöhe entfallen.

b) *Stoßfugen:* die Fugen zwischen den Steinen ein und derselben Schicht, 1 cm stark.

2. Die **Stärke** einer Mauer wird in ganzen und halben Steinlängen angegeben; ist eine Mauer n Stein stark, so ist sie $s = 26\,n - 1$ cm dick.

Wird die Mauer zur besseren Mörtelerhärtung oder zum Schutz gegen das Durchdringen von Schall, Kälte und Feuchtigkeit mit einer Luftschicht versehen, so ist deren Breite, die meist $\frac{1}{4}$ St. = 7 cm beträgt, der berechneten Stärke hinzuzufügen. Die durch die Luftschicht getrennten beiden Mauerteile werden in den Binderschichten durch in Asphalt getauchte Ankersteine in Abständen von 2 bis 3 Steinen miteinander verbunden (Abb. 1).

Die Länge einer Mauer von n Stein

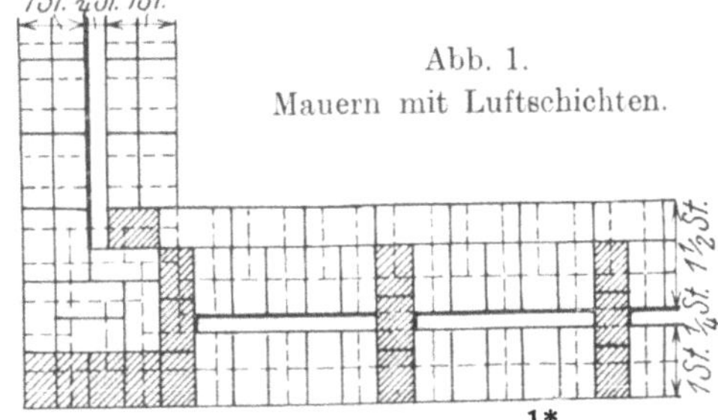

Abb. 1.

Mauern mit Luftschichten.

beträgt $l = 26\,n - 1$ cm, wenn sie beiderseits frei endigt, dagegen $26\,n$, wenn sie sich an einer und $26\,n + 1$ cm, wenn sie sich an beiden Seiten an eine andere Mauer anschließt. Die **Lichtweite** einer **Maueröffnung** von n Stein beträgt $26\,n + 1$ cm.

3. Regeln für den Mauerverband.

a) In der Ansicht der Mauer müssen Läufer- und Binderschichten miteinander abwechseln.

b) Die Lagerfugen müssen als wagerechte Ebenen durch die ganze Dicke der Mauer hindurchgehen.

c) Die Stoßfugen müssen in zwei aufeinander folgenden Schichten um mindestens $^1/_4$ Stein gegeneinander versetzt sein. Zur Herbeiführung dieser Versetzung werden an den Enden der Mauer in jeder Läuferschicht $^3/_4$ Steine (Dreiquartiere) angeordnet.

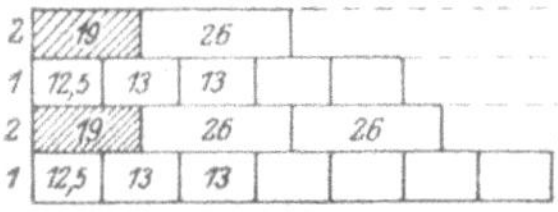

Abb. 2. Blockverband. 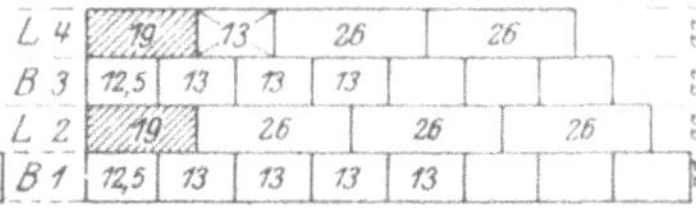   Abb. 3. Kreuzverband. 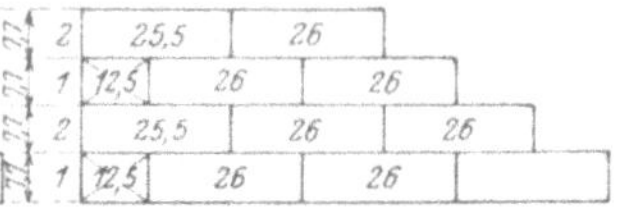   Abb. 4. Schornsteinverband.

Der auf Grund dieser Regeln hergestellte **Blockverband** (Abb. 2) wird bei der Ausführung meist durch den **Kreuzverband** (Abb. 3) ersetzt, bei dem in jeder 2. Läuferschicht neben dem Dreiquartier ein $^1/_2$ Stein eingelegt wird.

Für $^1/_2$ Stein starke Mauern wird der Schornsteinverband (Abb. 4) verwendet.

4. Fundament. Bei gutem (gewachsenem) Baugrund wird die unterste Ziegelsteinschicht trocken auf das wagerecht abgeglichene Erdreich, die „Fundamentsohle", gelegt; diese muß 1,0 bis 1,25 m unter Terrain liegen, damit der Frost nicht unter die Mauer dringt, und 0,3 bis 0,6 m unter Kellersohle, damit die Mauer nicht durch den einseitig wirkenden Erddruck seitlich verschoben wird. Damit der gute Baugrund mit nicht mehr als 3 bis 4 kg/qcm beansprucht wird, ist die Mauerstärke im Fundament entsprechend zu vergrößern (Abb. 5).

Gegen Aufsteigen der Feuchtigkeit von unten wird in Höhe der Kellersohle eine Isolierschicht aus Asphalt, Asphaltpappe oder am besten Asphaltisolierplatten eingelegt; gegen seitliches Eindringen der Feuchtigkeit wird die Mauer außen nach der Mörtelerhärtung zweimal mit heißem Teer $+ 15\,^0/_0$ Asphalt gestrichen und zweckmäßig mit einer bis zum Terrain reichenden Luftschicht versehen. Kellersohle mindestens 0,3 m über dem höchsten bekannten Grundwasserstand.

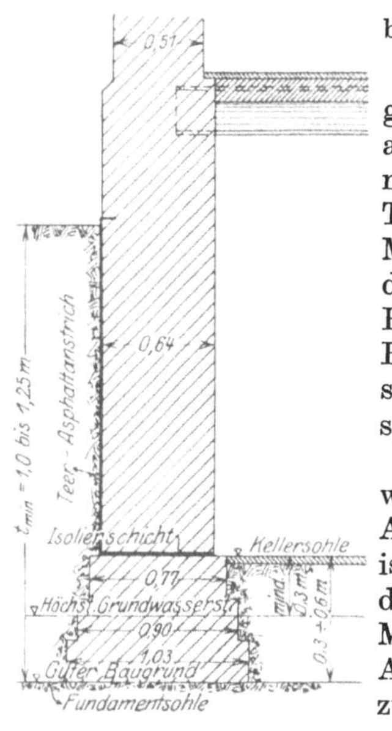

Abb. 5. Mauerfundament.

B. Mauern aus natürlichen Steinen.

1. Bei Verwendung von **Bruchsteinen** werden die Mauerenden, die Tür- und Fenstereinrahmungen sowie in 1,5 bis 2,5 m Höhenentfernung wagerecht abgeglichene Schichten in Ziegelsteinen (seltener Werksteinen) hergestellt.

2. Bei Verwendung von Werksteinen dienen diese meist nur zur äußeren Verblendung der Mauer, während deren Kern, „die Hintermauerung", in Ziegelsteinen (seltener Bruchsteinen), und zwar zur Verringerung des Setzens in verlängertem Zementmörtel hergestellt wird. Höhe der Werksteine gleich einem Vielfachen der Ziegelsteinschichthöhe. Verbindung der Werksteine unter sich und mit der Hintermauerung durch eiserne Klammern, Dübel und Anker.

C. Mauern aus Beton.

1. Zur Herstellung eines Bauwerks aus Beton sind Schalungen (aus Holz, seltener Eisen) erforderlich, zwischen die der Beton in Schichten von etwa 15 cm Höhe eingebracht und darauf so lange gestampft wird (Stampfbeton), bis sich Wasser an der Oberfläche zeigt.

Dem Nachteil der Notwendigkeit einer Schalung stehen folgende Vorzüge des Betons gegenüber: Große Druckfestigkeit, daher geringere Abmessungen der Bauteile und dadurch Raumersparnis; leichte Herstellung beliebiger Formen (Maschinenfundamente, Gewölbe); Fugenlosigkeit, daher widerstandsfähig gegen Feuchtigkeit (Flüssigkeitsbehälter) und Erschütterungen (Decken, Maschinenfundamente); Möglichkeit der Herstellung unter Wasser als Schüttbeton (Fundamente bei Wasserandrang in freier Baugrube oder zwischen Spundwänden aus Holz bzw. Eisen).

2. Eisenbeton (Monierkonstruktion) ist eine Verbindung von Beton mit Eiseneinlagen, derart, daß bei auftretender Biegung der Beton die **Druck-**, das Eisen aber die **Zug**spannungen aufnimmt. Die Möglichkeit des Zusammenwirkens beider Baustoffe beruht auf ihrer Haftfestigkeit (Adhäsion), ihrer annähernd gleichen Wärmeausdehnungszahl sowie auf dem Rostschutz des Eisens durch den umhüllenden Zement.

Verwendung zu Decken und Dächern (eben oder gewölbt), Wänden, Treppen, Behältern (für flüssiges und trockenes Lagergut), Fundamentplatten und -pfählen bei schlechtem Baugrund, Kellerdichtungen (erforderlich, wenn Grundwasserstand höher als Kellersohle liegt), Fabrikgebäuden in monolithischer Bauweise.

III. Maueröffnungen.

Die zur Zuführung von Licht und Luft (Fensteröffnungen) oder zur Vermittlung des Verkehrs (Türöffnungen) dienenden Maueröffnungen werden entweder gerade (gerader Sturz) oder gekrümmt (Bogen) abgedeckt.

Verschließbare Öffnungen erhalten einen **Maueranschlag** (Abbildung 6), dessen Breite bei Fenstern $a = {}^1/_4$ bis $^1/_2$ St., bei Türen $a = {}^1/_2$ bis 1 St. beträgt.

Abb. 6. Maueranschlag.

A. Der gerade Sturz.

Er kann (Abb. 7) gebildet werden durch:

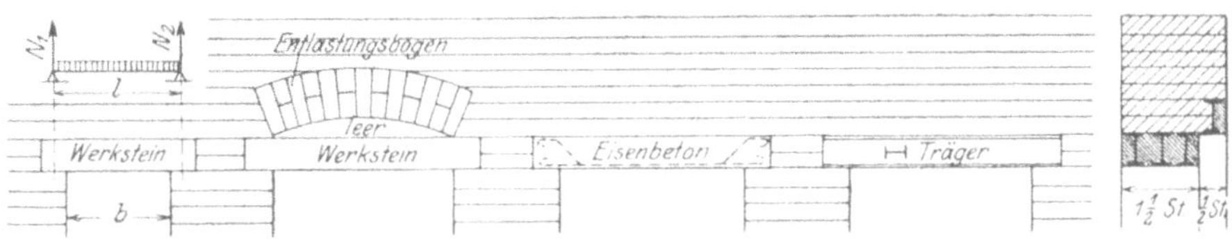

Abb. 7. Gerader Sturz.

1. *Werksteine*, die aber wegen ihrer geringen Zugfestigkeit bei größerer Öffnungsbreite stets mit einem Entlastungsbogen versehen sind.

2. *Eisenbetonbalken*, fabrikmäßig hergestellt.

3. *Eiserne Träger* (I oder C), wobei so viel Träger nebeneinander angeordnet werden, wie die Mauer halbe Steine stark ist, und wobei der Maueranschlag durch Höherrücken eines oder mehrerer Träger hergestellt wird.

B. Der Bogen.

1. Bei einem Bogen (Abb. 8) wirken die einzelnen Steine als Keile, die sich gegeneinander und gegen die festen Seitenmauern, die Widerlager, pressen und an diesen nicht nur lotrechte, sondern auch wagerechte Stützdrücke hervorrufen; letztere (H) sind an beiden Widerlagern gleich groß und heißen Horizontalschub des Bogens.

AB Spann- oder Stützweite l.
MC Pfeil- oder Stichhöhe f.
AA_1 und BB_1 Kämpferlinien.
C Scheitel.
CE Stärke.
  $a\,a$ Anfänger oder
       Kämpfersteine.
  s Schlußstein.

$ACBA_1C_1B_1$ innere od. untere Leibung.
$DEFD_1E_1F_1$ äußere od. obere Leibung.
$LL'L_1L_1'$ Lagerfuge.
    st Stoßfuge.

Abb. 9.

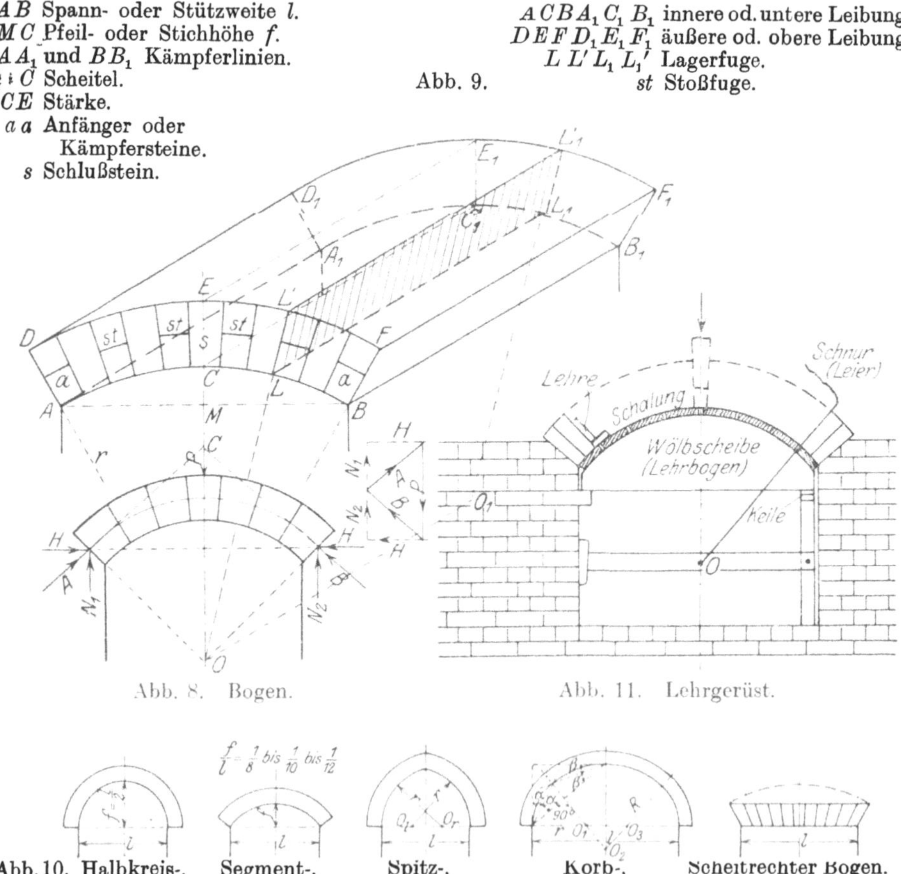

Abb. 8. Bogen. Abb. 11. Lehrgerüst.

Abb. 10. Halbkreis-, Segment-, Spitz-, Korb-, Scheitrechter Bogen.

Die bei einem Bogen üblichen Bezeichnungen sind in Abb. 9 eingetragen. Je nach der Form der Bogenlinie ACB, die beliebig gestaltet sein kann, unterscheidet man die in Abb. 10 angegebenen hauptsächlichsten Bogenarten.

Die Stärke CE (Abb. 9) des Bogens wird bei Ziegelsteinbögen in ganzen und halben Steinlängen angegeben. Den Regeln des Mauerverbands entsprechend müssen die Lagerfugen ($LL'L_1L_1'$ in Abb. 9) als zur inneren Leibung rechtwinklig stehende Ebenen durch die ganze Bogenstärke hindurchgehen, die Stoßfugen (*st* in Abb. 9) aber in zwei aufeinander folgenden Schichten um mindestens $^1/_4$ St. gegeneinander versetzt sein.

2. Zur Herstellung eines Bogens ist ein Lehrgerüst (Abb. 11) erforderlich, das aus der Bretterschalung, den Wölbscheiben und (bei größerer Öffnungsbreite) dem Untergerüst besteht. Die Aufmauerung des Bogens erfolgt gleichmäßig von beiden Kämpfern aus (Einteilung der Lagerfugen auf der Wölbscheibe; Richtung der Lagerfugen durch eine im Kreismittelpunkt befestigte Schnur, die Leier, oder durch eine auf die Schalung gestellte Lehre mit zur inneren Leibung rechtwinklig stehender Kante); zuletzt wird der Schlußstein mit sanftem Druck eingeschoben.

Die Ausrüstung des Bogens erfolgt erst nach vollständiger Mörtelerhärtung, und zwar mittels der zwischen Wölbscheiben und Untergerüst eingelegten Keile (Schraubenspindeln, Sandtöpfe) langsam, damit das Gewicht des überliegenden Mauerwerks allmählich vom Lehrgerüst auf den Bogen übergeht.

IV. Gewölbe.

Dient ein Bogen nicht zur Überdeckung einer Maueröffnung, sondern zur Überdeckung des Raumes zwischen zwei Mauern, so heißt er ein Gewölbe, und zwar ein Tonnengewölbe, wenn die Bogenlinie ein Halbkreis ist (Abb. 12), ein Kappengewölbe (preußische Kappe), wenn sie ein Segmentbogen ist (Abb. 13).

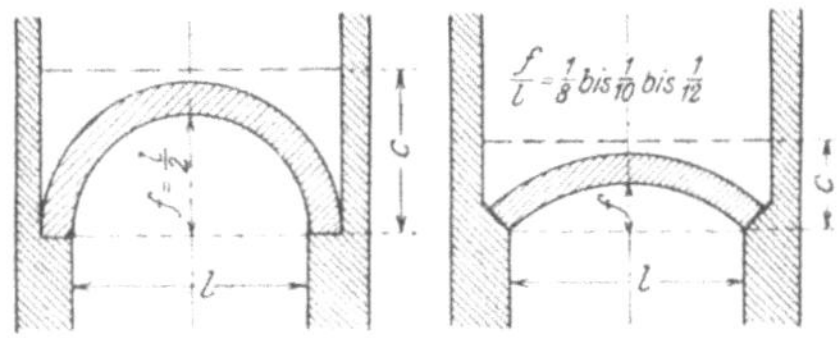

Abb. 12.   Abb. 13.
Tonnengewölbe.   Kappengewölbe.

Führt man durch ein Tonnen- oder Kappengewölbe zwei Schnitte nach den Grundrißdiagonalen (Abb. 14), so zerfällt es in die Wangen mit je einer Kämpferlinie und einem Scheitelpunkt und in die Kappen mit je zwei Kämpferpunkten und einer Scheitellinie. Durch Zusammensetzung von 4 Wangen entsteht das auf allen 4 Raumseiten auflagernde Klostergewölbe (Abb. 15), durch Zusammensetzung von 4 Kappen aber das nur in den 4 Eckpunkten auflagernde Kreuzgewölbe (Abb. 16).

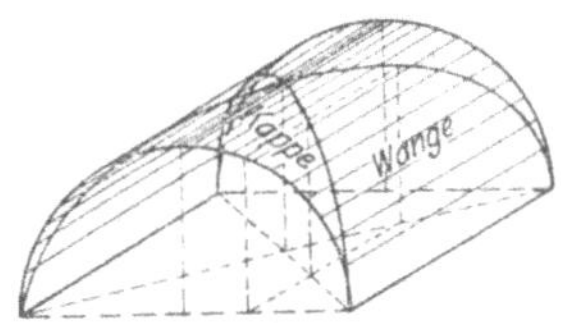

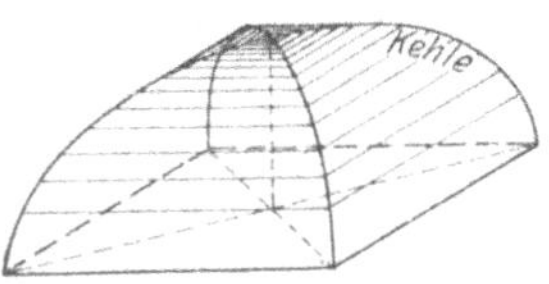

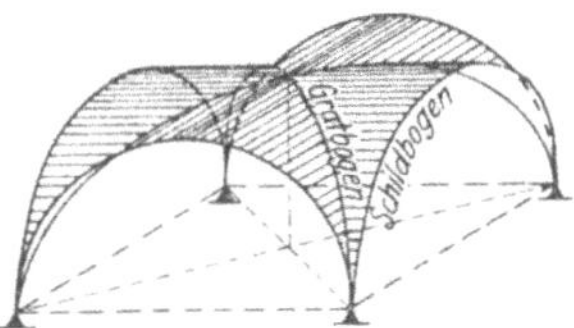

Abb. 14. Tonnengewölbe.   Abb. 15. Klostergewölbe.   Abb. 16. Kreuzgewölbe.

Das zur Überdeckung und zur Überdachung von Fabrikräumen wichtigste ist

Das Kappengewölbe.

1. Soll ein Raum überdeckt werden, so teilt man ihn der Länge nach in eine Anzahl gleicher Teile von 1,0 bis 1,5 m Weite; in diesen Teilpunkten ordnet man eiserne Träger an, zwischen die die Kappengewölbe aus Ziegelsteinen ($^1/_2$ St. stark, Abb. 17), Hohlsteinen oder aber meist Beton (Abb. 18 und 19) gespannt werden.

2. Soll ein Raum **überdacht** werden, so trifft man bei kleinen Spannweiten dieselbe Anordnung, wobei dann die Gewölbe wegen der geringeren Belastung des Daches aus Schwemmsteinen oder Bimsbeton hergestellt werden.

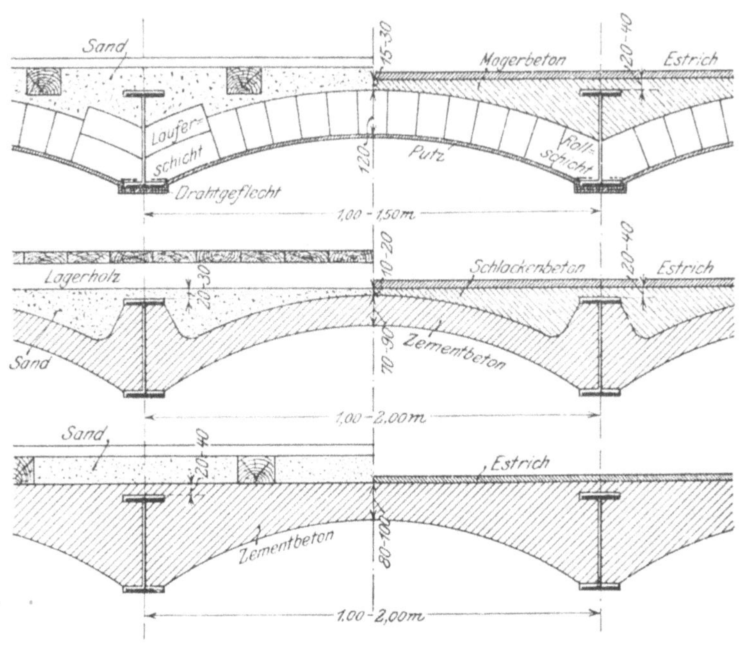

Abb. 17 bis 19. Deckengewölbe.

Bei größerer Stützweite spannt man das Kappengewölbe in Eisenbeton über die ganze Breite des Raumes von einer Längsmauer zur anderen (Abb. 20) mit einer Pfeilhöhe von $\frac{1}{4}$ bis $\frac{1}{5}$ bis $\frac{1}{6}$ der Spannweite; das Gewölbe über-

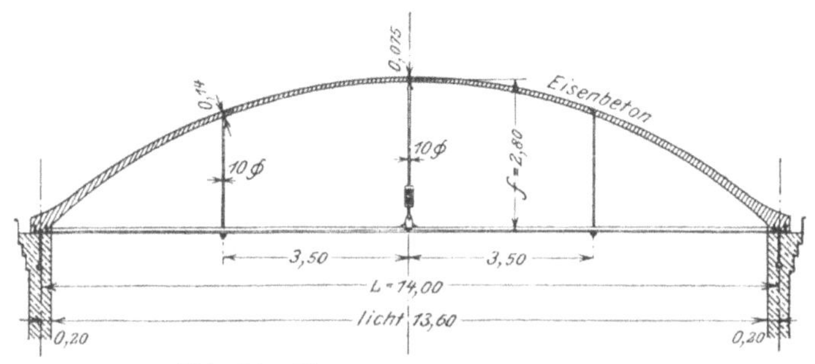

Abb. 20. Freitragendes Eisenbetondach.

trägt seinen Horizontalschub auf Längsträger aus Eisen oder Eisenbeton, die zum Ausgleich des Schubs in Abständen von 2 bis 4 m durch Anker miteinander verbunden sind. Nachdem das Dach außen durch eine doppelte Asphaltpapplage abgedichtet ist, ist es wasser-, tropf-, wärme- und feuersicher, daher zur Überdachung von Fabrikräumen aller Art besonders geeignet.

V. Fabrikschornsteine.

1. Ist d_0 der obere, d_u der untere lichte Durchmesser (Abb. 21), H die Höhe des Schornsteins, so ist angenähert $d_u = d_0 + 0,02\,H$.

Der **Querschnitt** des Schornsteins wird stets rund gewählt, weil beim Kreis

a) wegen des kleineren Umfangs der Bedarf an Steinen und Mörtel sowie Abkühlung und Reibungswiderstand der Rauchgase,

b) wegen der stetigen Krümmung der Winddruck und damit die erforderliche Wandstärke geringer als bei eckigen Querschnitten werden.

Die **Wandstärke** des Schornsteins beträgt in der obersten „Trommel" bei Verwendung von

Ziegelsteinen $^1/_2$ Stein, bei $d > 1,0$ m besser 1 St., zunehmend in Abständen von $6 \div 10$ m um je $^1/_2$ St.;

Ring-(Radial-)steinen 15 cm, bei $d > 1,5$ m besser 20 cm, zunehmend in Abständen von $4 \div 5$ m um je 5 cm.

2. Der Schornstein steht mit Rücksicht auf das Setzen stets frei; er ist mit dem Kesselhaus durch den Fuchs verbunden, dessen Mündung $0,6 \div 0,8$ m über der inneren Schornsteinsohle liegt; um den dadurch gebildeten Aschenkasten reinigen zu können, wird die Sohle durch eine im Schornsteinsockel angebrachte Öffnung oder aber wegen des bequemeren Ein- und Aussteigens besser durch einen seitlichen Einsteigeschacht (Abb. 21) zugänglich gemacht. Zum Besteigen des Schornsteins werden innen und bei größerer Höhe zweckmäßig auch außen in Höhenabständen von $0,4 \div 0,5$ m Steigeisen angebracht.

3. Führt der Schornstein sehr hoch erhitzte Gase ab, so wird, um ein Reißen des Mauerwerks infolge des Wärmeunterschiedes innen und außen zu verhüten, ein feuerfestes Futter angeordnet, das um die Rauchkanalmündung herum dicht an das Schornsteinmauerwerk anschließt, im übrigen aber gegen dieses um $3 \div 5$ cm zurücktritt, um dadurch ungehinderte Ausdehnungsmöglichkeit zu haben.

4. Das Fundament wird quadratisch oder rund angelegt; bei schlechtem Baugrund wird eine Betonplatte, meist mit Eiseneinlagen, von $0,5 \div 1,5$ m Stärke angeordnet.

5. Jeder Schornstein ist mit einem Blitzableiter (Auffangstange, Luftleitung, Erdleitung mit Verteilungsplatten) zu versehen, an den auch in der Nähe liegende größere Metallmassen (Dampfkessel, metallische Behälter, eiserne Dächer) anzuschließen sind. Eine sorgfältige Prüfung der Blitzableiteranlage durch einen Fachmann ist mindestens in jedem Frühjahr erforderlich.

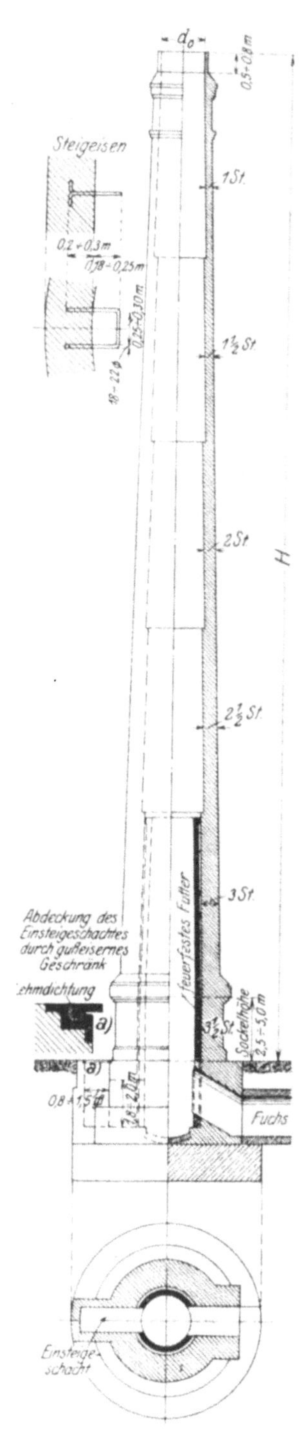

Abb. 21. Fabrikschornstein.

Konstruktionen in Holz.

I. Baustoffe.

1. Beim Durchschnitt eines Baumstammes unterscheidet man die Rinde, den Bast, die Jahresringe, die Markröhre und die Markstrahlen. Bei vielen Baumarten ist das innere, ältere, trocknere und daher festere Kernholz dunkler gefärbt als das äußere, jüngere, daher feuchtere und weniger widerstandsfähige Splintholz.

Man unterscheidet Nadelhölzer mit immergrünem, hohem, schlankem Wuchs, und Laubhölzer, bei denen das Wachstum sich mehr in die Breite erstreckt, wodurch Höhe und Schlankheit des Wuchses leiden.

a) *Nadelhölzer.*

Tanne (Weiß- oder Edeltanne)⎱ gute Bauhölzer, nicht im Wechsel zwischen
Fichte (Rottanne)   ⎰ Nässe und Trockenheit verwendbar.
Kiefer (Föhre): harzreich, daher auch im Wechsel zwischen Nässe und
      Trockenheit verwendbar.
Lärche: bestes Nadelholz, da es die Eigenschaften der Fichte und Kiefer
      in sich vereinigt.
Pitch-pine: vorzügliches Kiefernholz aus Kanada.

b) *Laubhölzer.*

Eiche ⎰ Sommer- oder Stieleiche ⎱ bestes Bauholz; sehr fest und widerstands-
     ⎱ Winter- oder Steineiche ⎰ fähig gegen die Einflüsse der Feuchtigkeit.
Weißbuche: sehr dicht, daher zu Werkzeugen und im Maschinenbau verwendet.

2. Nachdem das Holz gefällt ist (Dezember bis März), wird es getrocknet, entweder an der Luft (lufttrockenes Holz mit noch 10 bis 15 $^0/_0$ Wassergehalt), oder in besonderen Trockenkammern. Hierbei zieht es sich zusammen, und zwar sowohl der Länge als ganz besonders der Breite nach: das Holz schwindet. Es verbleibt ihm aber die Fähigkeit, wieder Feuchtigkeit aus der Luft anzuziehen und dadurch seine Abmessungen wieder zu vergrößern: das Holz quillt. Dieses Schwinden und Quellen, das Arbeiten des Holzes, äußert sich im Ziehen, Werfen, Verwerfen und Reißen. Schutzmittel dagegen sind die Verwendung von möglichst trocknem, kernreichem Winterholz, tunlichste Beschränkung der Holzbreite (Riemen- oder Stabfußboden, Tafelparkettfußboden) und bei breiten Holzflächen die Verbindung der Hölzer untereinander derart, daß die Bewegungen beim Schwinden und Quellen ungehindert vor sich gehen können (Rahmenhölzer und Füllung bei Türen, Kästen, Schränken usf.).

3. Ist das Holz der steten Berührung mit Feuchtigkeit oder feuchten Körpern oder aber dem fortwährenden Wechsel zwischen Nässe und Trockenheit ausgesetzt, so geraten seine Saftbestandteile in Gärung: das Holz fault. Schutzmittel dagegen sind:

a) Abschluß der Feuchtigkeit durch einen **Anstrich** (Leinölfirnis, Ölfarbe, Teer, Karbolineum).

b) Entfernung der Saftbestandteile durch **Imprägnieren**, wobei die Poren des Holzes zunächst luftleer gemacht und dann unter Druck mit der Imprägnierungsflüssigkeit (Kreosot) gefüllt werden.

4. Tritt zu der Feuchtigkeit der Mangel an Licht und Luft hinzu, wie z. B. bei einem festen eingemauerten Balkenkopf, so bildet sich auf der Holzoberfläche ein schwammartiger Pilz, der **Hausschwamm**, der nicht nur das unmittelbar angegriffene Holz zerstört, sondern sich schnell im ganzen Bauwerk verbreitet. Schutzmittel dagegen sind die Verwendung von möglichst trockenem kernreichem Winterholz und die Einmauerung des Balkenkopfes derart, daß er (z. B. durch Schieferplatten, Asphaltpappe, Asphaltisolierplatten sowie durch einen Hohlraum vor Kopf) von der Mauerfeuchtigkeit abgeschlossen und (durch den Hohlraum mit dem oberen und unteren Raum verbindende Kanäle) von sich stets erneuernder Luft umgeben ist.

5. Arten des Bauholzes. Das Bauholz zeigt im Querschnitt entweder scharfkantige oder aber, der Unregelmäßigkeit des Stammumfanges entsprechend, gebrochene Ecken (Wald- oder Wahnkanten).

a) *Ganz*holz: Kern in der Mitte
b) *Halb*holz: Kern an der Seite
c) *Kreuz*holz: Kern an der Ecke

Größte Tragfähigkeit für $\dfrac{b}{h} = \dfrac{1}{\sqrt{2}} = \dfrac{5}{7}$ (0,71) oder

angenähert $\dfrac{b}{h} = \dfrac{2}{3}$ (= 0,67) oder $= \dfrac{3}{4}$ (= 0,75).

Konstruktion durch Dreiteilung des Durchmessers (Abb. 22). „Normalprofile für Bauhölzer".

d) *Schnittmaterial:* Latten, Bretter (bis 5 cm Stärke), Bohlen (bis 15 cm Stärke).

e) *Schwarten* oder *Staken:* die beim Schneiden abfallenden segmentförmigen Stücke.

II. Fachwerkwände.

1. Eine Fachwerkwand besteht aus einem **für sich** tragfähigen Gerippe von Stäben, bei dem das Mauerwerk nur zur Ausfüllung der von den Stäben gebildeten **Fache** dient; ihre einzelnen Teile (Abb. 23) sind:

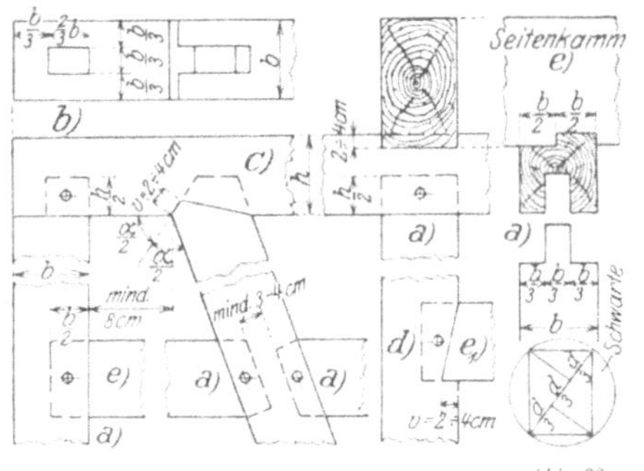

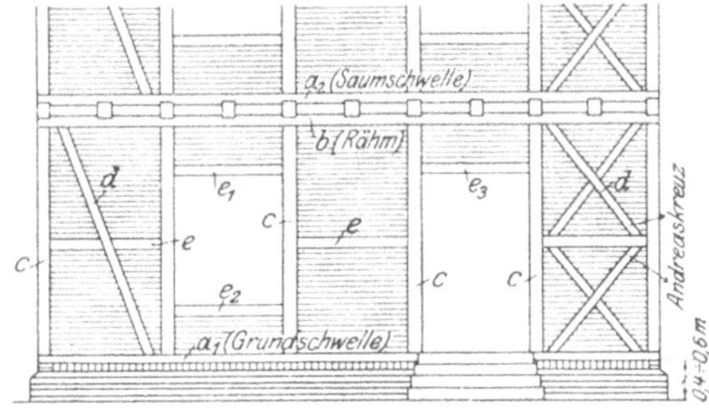

Abb. 23. Fachwerkwand.

a) *Die Schwelle,* und zwar die **Grundschwelle** (a_1), die der ganzen Länge nach untermauert oder doch in kurzen Zwischenräumen unterstützt ist, und die **Saumschwelle** (a_2) über der Balkenlage.

b) *Das Rähm* (Rahmstück), zur Auflagerung der Deckenbalken bzw. der Dachbinder dienend.

c) *Die Pfosten* (Stiele): Eck-, Tür-, Zwischenpfosten.

d) *Die Streben,* zur Verhinderung einer Verschiebung des Stabgerippes in seiner eigenen Ebene.

e) *Die Riegel* (Zwischenriegel e, Fensterriegel e_1, Brüstungsriegel e_2, Türriegel e_3), zur Unterteilung der Wandhöhe in für die Ausmauerung passende Fache.

Die Vorzüge gegenüber der massiven Mauer sind: Unabhängigkeit der Tragkraft von der Erhärtungszeit des Mörtels, daher Abkürzung der Bauzeit; geringeres Gewicht, daher leichtere und billigere Unterkonstruktion; geringere Wandstärke, daher bessere Raumausnutzung; Möglichkeit des schnellen Abbruchs und Wiederaufbaus an anderer Stelle.

2. Die Verbindung der Hölzer untereinander erfolgt bei den

a) *Pfosten* mit Schwelle und Rähm durch den geraden Zapfen (Abb. 23a), *Eckpfosten* durch den zurückgesetzten Zapfen (Eckzapfen Abb. 23b).

b) *Streben* mit Schwelle und Rähm durch Versatzung mit Zapfen (Abb. 23c).

c) *Riegeln* mit den Pfosten und Streben durch den geraden Zapfen (Abb. 23a), *Tür-, Fenster- und Brüstungsriegeln* durch Zapfen mit Versatzung (Abb. 23d).

d) *Deckenbalken* mit dem Rähm durch den Kamm (Abb. 23e).

3. Die Stärke der Hölzer beträgt bei beiderseits verputzten Innenwänden 12×12 cm; bei Außenwänden läßt man das Holz meist 2 bis 3 cm vor dem Mauerwerk vorstehen und fast die vorstehenden Kanten ab (Abb. 24), wobei indes die Abfasung an den Verbindungsstellen der Hölzer unterbrochen wird.

4. Die Ausmauerung erfolgt $^1/_2$ St. stark in Ziegel- oder Schwemmsteinen im Schornsteinverband (Abb. 24). Verbindung des Mauerwerks mit dem Holzgerippe durch, bis zur halben Länge in jeder 4. bis 6. Schicht eingetriebene Nägel.

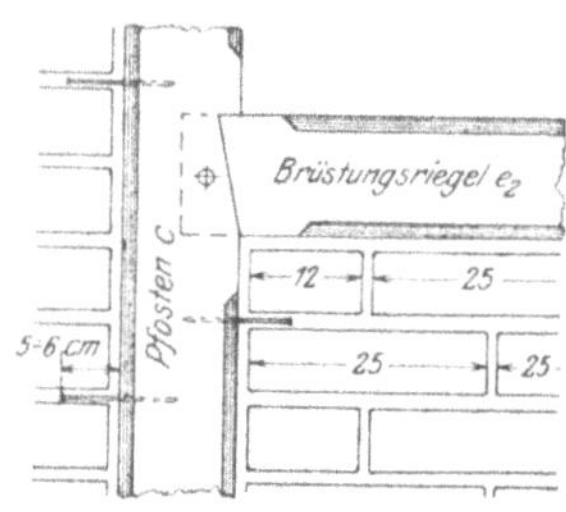

Abb. 24. Ausmauerung der Fachwerkwand.

III. Hängewerke.

1. Wird ein Balken einmal von oben aufgehängt, so entsteht das einfache Hängewerk (Abb. 25), das aus dem Spannbalken AB, der Hängesäule CD und den Streben AD und BD besteht. Bei zweimaliger Aufhängung entsteht das doppelte Hängewerk (Abb. 26), bei dem die beiden Hängesäulen $C_1 D_1$ und $C_2 D_2$ durch den Spannriegel $D_1 D_2$ verbunden sind. Durch Vereinigung des ein- und zweifachen kann man drei-, vier und mehrfache Hängewerke (Abb. 27) bilden.

2. Die Verbindung der einzelnen Teile untereinander erfolgt durch Versatzung mit Zapfen (Abb. 28); nur die Verbindung der Hängesäule (die oft als Rundeisen ausgebildet wird) mit dem Spannbalken erfordert die Anwendung eiserner Bänder, Krampen und Schrauben, weil die Holzverbindungen wohl Druck-, aber keine nennenswerten Zugkräfte übertragen können. Die Auflagerpunkte A und B werden meist durch einen rechtwinklig zur Strebe angeordneten Schraubenbolzen verstärkt, dessen Achse durch den inneren Treffpunkt von Strebe und Spannbalken gehen soll.

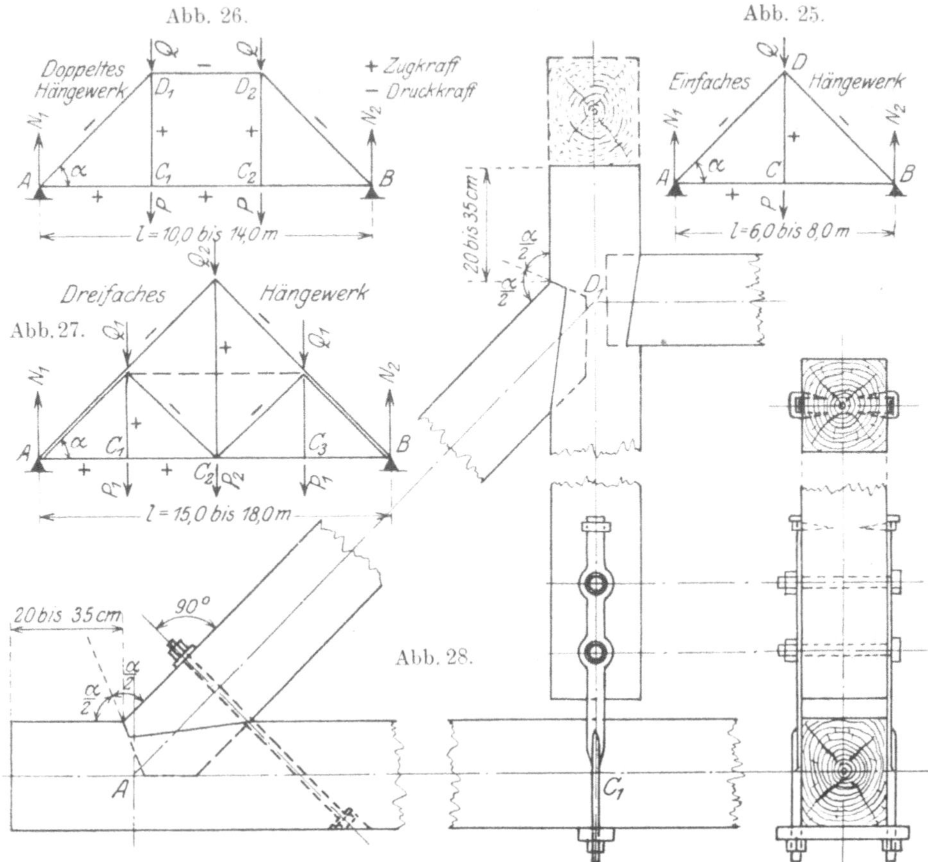

Abb. 25 bis 28. Hängewerke.

IV. Dachkonstruktionen.

1. Jedes Dach besteht aus einer oder mehreren, ebenen oder gekrümmten, gegen die Wagerechte geneigten Dachflächen, deren unterste Kante die Trauflinie heißt. Gegenüberliegende Dachflächen schneiden sich in der First-linie, nebeneinanderliegende aber in einem Grat oder einer Kehle, je nach-dem ihre Trauflinien eine aus- oder einspringende Ecke bilden. Nach der Zahl und Form der Dachflächen unterscheidet man:

a) *Pultdach* (Abb. 29a): mit nur einer Dachfläche; Querschnitt ein recht-winkliges Dreieck.

b) *Satteldach* (Abb. 29b): mit zwei unter gleichem Winkel geneigten Dach-flächen; Querschnitt ein gleichschenkliges Dreieck.

Wird die Trauflinie auch über die Giebelseiten in gleicher Höhe durchgeführt, so entsteht das abgewalmte Satteldach (Walmdach Abb. 29c).

c) *Mansardendach* (Abb. 29d): ein Satteldach, bei dem jede Dachfläche einmal gebrochen ist; stehen die unteren Dachflächen lotrecht, so entsteht das Kniestock- oder Drempeldach (Abb. 29e).

d) *Shed-* oder *Sägedach* (Abb. 29f): ein unsymmetrisches Satteldach; die steile, zur Gewinnung von zerstreutem Licht tunlichst nach Norden gerichtete, unter 60 bis 70° geneigte Dachfläche wird verglast; bei ihrem Anschluß an die flache, unter 30 bis 20° geneigte Dachfläche wird eine begehbare Rinne (*r*) zur Reinigung der Glasflächen angeordnet. Winkel im First am besten 90°.

e) *Tonnendach* (Abb. 20): mit gekrümmter Dachfläche.

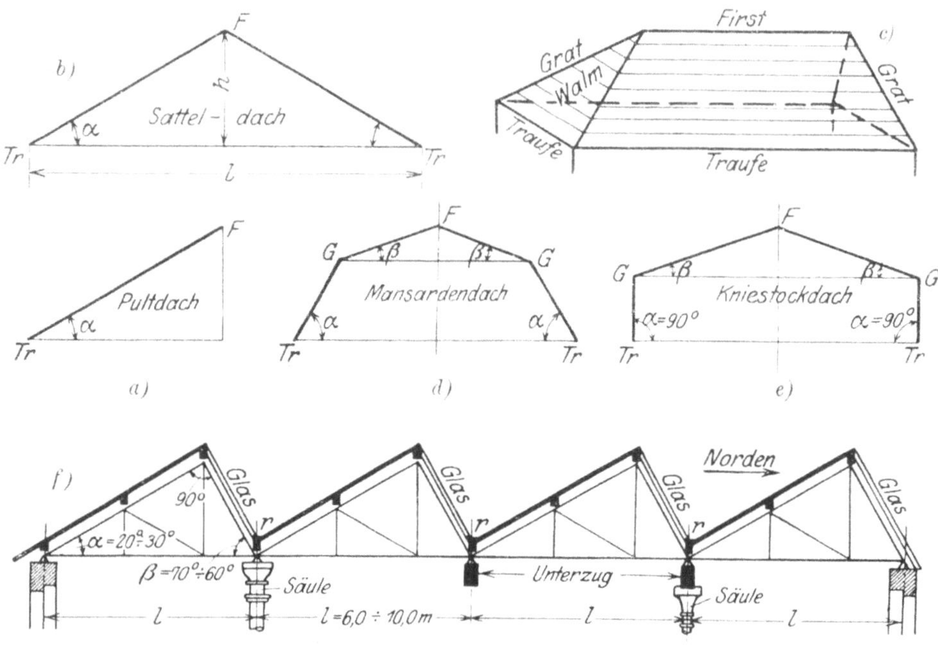

Abb. 29.   Dachformen.

2. Die einzelnen Teile einer Dachkonstruktion (Abb. 30) sind:

a) Die *Dachdeckung* (Dachhaut), die das Gebäude nach außen wasser-, wärme- und feuersicher abschließen soll. Sie wird unter Vermittlung einer Lattung oder Schalung von den

b) *Sparren* getragen, die in 0,75 bis 1,0 m Entfernung liegen, im First durch den Scherzapfen (Abb. 30b) verbunden sind und mit dem Sattel (Klaue Abb. 30c) auf den

c) *Pfetten* (Trauf-, First-, Zwischenpfetten) aufruhen; sie liegen in $a = 2{,}5$ bis 3,5 m Grundrißentfernung (Fachweite) und geben ihre Lasten an die

d) *Binder* ab, die, in 3,5 bis 4,0 bis 6,0 m Entfernung angeordnet, die ganze Dachlast als Hauptträger auf die Seitenmauern übertragen. Die Binder werden als Hängewerke durchgebildet; ihr Verschieben und Kippen aus der Bildebene heraus wird einmal durch die Lattung bzw. Schalung, dann aber durch Kopfbänder (Abb. 30d) verhindert, die zwischen Pfetten und Hängesäulen eingeschaltet und mit diesen durch Versatzung mit Zapfen verbunden sind.

Bei Sheddächern werden die Zwischentraufpunkte der Binder entweder unmittelbar auf Säulen gelagert (Abb. 29f links) oder aber meist zur Freihaltung eines größeren Arbeitsraums auf von Säulen getragenen Unterzügen (Abb. 29f rechts).

e) *Rinnen:* halbkreisförmig (Hängerinne) oder rechteckig (Kastenrinne) aus Zinkblech Nr. 13 bis 15 (0,74 bis 0,95 mm), durch Rinneneisen $\left(\frac{20}{8} \text{ bis } \frac{30}{10}\right)$ in Abständen von 0,8 bis 1,0 m befestigt, mit 0,8 bis 1,0 qcm Querschnittsfläche für je 1 qm Dachgrundrißfläche und einem Gefälle von 1:100 bis 1:125, entwässert durch

Abfallrohre aus Zinkblech Nr. 13 bis 15 mit 12 bis 15 cm ϕ in Abständen von 15 bis 25 m, mit Rohrschellen (Schelleisen) aus verzinktem Eisenblech in 2,0 bis 3,5 m Höhenentfernung befestigt.

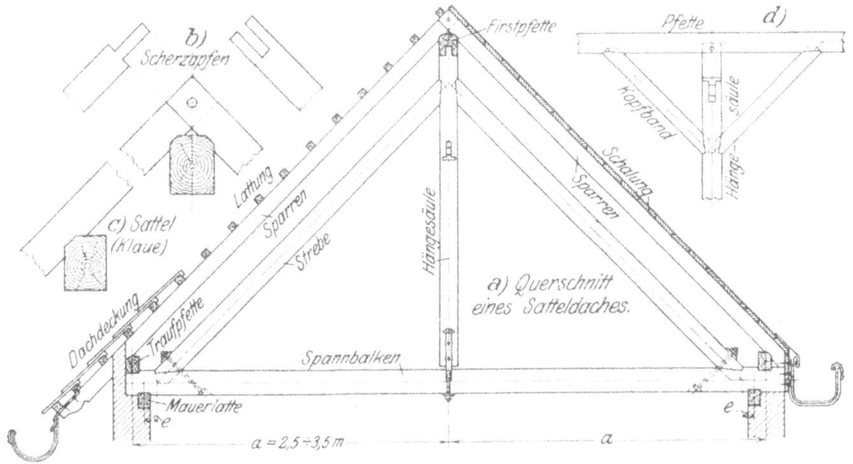

Abb. 30. Querschnitt eines Satteldachs.

3. Die Dachneigung wird in erster Linie durch das verwendete Dachdeckungsmaterial bestimmt und unter Zugrundelegung eines Satteldachs durch das Verhältnis der Dachhöhe h zur Dachweite l (Abb. 29b) ausgedrückt (vgl. Konstr. in Eisen VIII).

Konstruktionen in Eisen.

I. Baustoffe.

A. Eisensorten.

Die zu Bauzwecken verwendeten Eisensorten sind:

1. Gußeisen (graues Gießereiroheisen): $k_z = 0{,}5\, k_d$, daher vorwiegend zu auf Druck beanspruchten Konstruktionsteilen (Auflager, Säulen) verwendet. Leichte Formgebung.

2. Schmiedbares Eisen: $k_z = k_d$, daher sowohl zu auf Zug als auch auf Druck als auch gleichzeitig auf Zug und Druck, d. h. auf Biegung beanspruchten Konstruktionsteilen verwendet.

a) *Flußeisen:* Mindeststreckgrenze 2400 kg/qcm, kommt als Bauwerkseisen nur gewalzt zur Verwendung.
  α) Blech: glattes Blech; Riffelblech; flaches und Trägerwellblech; Tonnenbleche (Kappengewölbe) und Buckelbleche (Klostergewölbe).
  β) Flacheisen (Universaleisen), Vierkant- und Rundeisen.
  γ) Profileisen: Deutsche Normalprofile für Walzeisen, und zwar:
  Träger: H, ⊔, Z-Eisen,
  Stabeisen: ∟-, ⊥-, ⌡-, ⌃- und ▱ -Eisen.

b) *Flußstahl:* Streckgrenze > 2400 kg/qcm; gegossen als Stahlformguß (zu Auflagerteilen von verwickelter Form), gewalzt und geschmiedet (zu Keilen, Bolzen, Kugeln, Zylindern) als Flußstahl.

„Normalbedingungen für die Lieferung von Eisenkonstruktionen für Brücken- und Hochbau.“

B. Reinigung und Rostschutz.

1. Reinigung der einzelnen Eisenteile vor ihrer Zusammensetzung zu ganzen Konstruktionen, und zwar
  a) mechanisch mit Schabern, Drahtbürsten, Putzlappen oder Sandstrahl;
  b) chemisch in einem verdünnten Salzsäurebad — Kalkwasserbad — Sodalaugebad — Heißwasserbad — Leinölfirnisanstrich.

2. Anstrich der beim Vernieten aufeinanderfallenden Flächen (Bleimennige- oder nochmaliger Leinölanstrich).

3. Vernieten der Konstruktion. Nietung auf der Baustelle möglichst einzuschränken.

4. Dichtung der Fugen durch Kitt bzw. bei wasserdichten Konstruktionen durch Verstemmen.

5. Grund- oder Grundierungsanstrich (Bleimennige) in der Werkstatt.

6. Versand der Konstruktion.

7. Montage der Konstruktion.

8. Ergänzung und Ausbesserung des Grundanstrichs.

9. **Deckanstrich** (Ölfarbe bzw. Asphaltlack bei den mit Erde, Kies, Sand oder Mauerwerk in Berührung kommenden Flächen).

Statt der Farbe häufig ein Überzug aus **Metall**, und zwar:
  a) **Zink:** Die chemisch gereinigten Stücke kommen in das flüssige Zinkbad; Gewicht des Zinküberzuges mindestens 0,5 kg/qm Oberfläche.
  b) **Blei:** teurer, daher seltener als Verzinken.
  c) **Zink und Blei** (verzinkt-verbleien): bei mit Säuren stark verunreinigter Luft.

C. Wärmeschutz.

1. Das Eisen verliert bei einer Erwärmung über 300^0 hinaus immer mehr und mehr an Festigkeit, so daß es schließlich nach vorhergegangener starker Durchbiegung unter dem Einfluß der Lasten zusammenbricht und fest mit ihm verbundene Mauern mit zum Einsturz bringt.

Wo daher eine so weitgehende Erwärmung, z. B. durch Brandausbruch, zu erwarten ist oder wo der unerwartete Brandausbruch besondere Gefahr für Menschenleben einschließt, sind die tragenden Eisenteile zum Schutz gegen den unmittelbaren Angriff der Hitze und Flammen zu ummanteln, z. B. mit Klinkern in Zementmörtel, Beton ohne oder mit Eiseneinlagen, Rabitzputz, Asbest, Korkstein usf.

2. Das Eisen dehnt sich bei fortschreitender Erwärmung so stark aus, daß dadurch leicht fest mit ihm verbundene Konstruktionsteile (Mauern, Pfeiler, Wände, Säulen) zum Einsturz kommen können.

Wo daher größere Wärmeschwankungen zu erwarten sind (also z. B. stets im Freien) oder wo große Trägerlängen in Betracht kommen, dürfen eiserne Träger nur an einem Ende fest mit anderen Konstruktionsteilen verbunden sein, während sie am andern Ende frei verschieblich zu lagern sind: feste und bewegliche Auflager.

II. Verbindungsmittel.

Das gebräuchlichste Verbindungsmittel ist das **Niet** (Setzkopf, Schaft, Schließkopf); man unterscheidet Halbrundniete (mit vollem Kopf), Linsensenkniete (mit halbversenktem Kopf) und Senkniete (mit ganz versenktem Kopf).

Die Niete werden nur ausnahmsweise durch Schrauben ersetzt, und zwar:
  a) wenn der beschränkte Raum die Ausbildung des Schließkopfes nicht gestattet,
  b) wenn die Verbindung auf **Zug** beansprucht ist,
  c) wenn die Gesamtdicke der zu verbindenden Teile größer als das $2^1/_2$ bis $3^1/_2$fache des Nietdurchmessers ist (Gefahr des Abspringens der Nietköpfe beim Erkalten des Schafts),
  d) wenn die Verbindung frei drehbar oder längs verschieblich sein soll,
  e) wenn auf der Baustelle nicht genietet werden soll (z. B. zur Verminderung der Kosten) oder darf (z. B. wegen Feuergefahr).

Die gebräuchlichen Nietdurchmesser sind:
$$d = 6 \quad 8 \quad 10 \quad 13 \quad 16 \quad 20 \quad 23 \quad 26 \quad 30 \text{ mm},$$
mit einer Scherfläche von . . . . . . 2,0 3,1 4,2 5,3   qcm,
bezeichnet durch . . . .

Versenkte Niete: oben versenkt; unten versenkt; oben und unten versenkt.

Bei **Schrauben** wird der Nietkreis schwarz ausgefüllt.

A. Berechnung der Nietverbindungen.

Hat ein Stab die Kraft P auf Zug oder Druck zu übertragen, so erfordert er bei der zulässigen Beanspruchung k die Fläche

$$1) \qquad\qquad F = \frac{P}{k}.$$

Wird P durch den Scherwiderstand des Eisens übertragen, so ergibt sich bei der zulässigen Scherbeanspruchung k_s die erforderliche Scherfläche $F_s = \dfrac{P}{k_s}$ oder mit $k_s = \dfrac{k}{\nu}$:

$F_s = \nu \cdot \dfrac{P}{k}$ oder nach Gl. 1):

$$2) \qquad\qquad F_s = \nu F.$$

1. Einschnittige Verbindung (Abb. 31a). Da ein Niet die Scherfläche $\dfrac{\pi d^2}{4}$ hat, so haben n_s Niete die Scherfläche $n_s \dfrac{\pi d^2}{4}$; sie müssen die Scherfläche F_s haben; daher ergibt sich:

$$3) \qquad n_s = \frac{F_s}{\dfrac{\pi d^2}{4}}.$$

Abb. 31a. Einschnittige Vernietung.

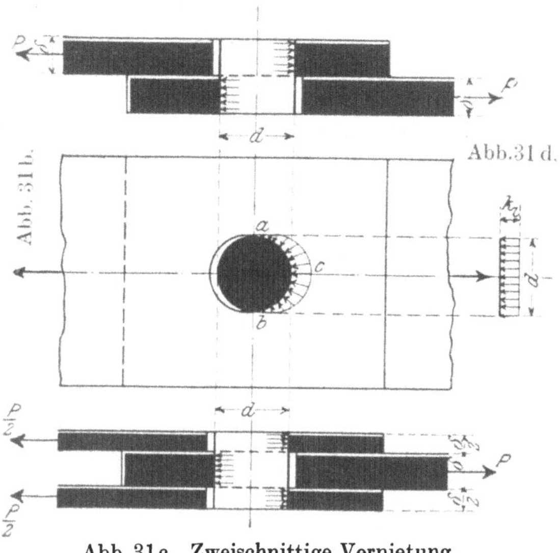

Abb. 31b.
Abb. 31d.

Abb. 31c. Zweischnittige Vernietung.

Der **Druck auf die Nietwandung** (Lochleibungsdruck) verteilt sich ungleichmäßig auf den halben Umfang $\dfrac{\pi d \delta}{2}$ (Abb. 31b); für die Rechnung nimmt man eine gleichförmige Druckverteilung, dafür aber als gedrückte Fläche nur die Projektion $d\delta$ des Umfangs (Abb. 31d) an. Ist $k_l = 2\,k_s$ der zulässige Lochleibungsdruck, so können daher n_l-Niete die Kraft $n_l \cdot 2\,d\delta k_s$ übertragen; sie müssen aber die Kraft P übertragen; daher ergibt sich $n_l \cdot 2\,d\delta k_s = P$ und daraus mit Berücksichtigung der Gleichung $F_s = \dfrac{P}{k_s}$ die auf Lochleibung erforderliche Nietanzahl

$$4) \qquad n_l = \frac{F_s}{2\,d\delta}.$$

Für die Ausführung sind soviel Nieten zu wählen, wie die größere der Zahlen n_s und n_l angibt; soll $n_l = n_s$ sein, so muß $\dfrac{\pi d^2}{4} = 2\,d\delta$ oder

$$5) \qquad\qquad \delta = \frac{\pi}{8}\,d = \sim 0{,}4\,d$$

sein, eine Bedingung, die bei gut durchgebildeten Konstruktionen stets erfüllt sein soll.

2. Zweischnittige Verbindung (Abb. 31c). Da ein Niet die Scherfläche $2\,\dfrac{\pi d^2}{4}$, die Lochleibungsfläche $d\delta$ hat, so ergibt sich auf demselben Wege wie vorher:

$$6) \qquad z_s = \frac{F_s}{2\left(\dfrac{\pi d^2}{4}\right)} \qquad \text{und} \qquad 7) \quad z_l = \frac{F_s}{2\,d\delta}.$$

Auch hier ist für die Ausführung die größere der Zahlen z_s und z_l maßgebend; die aus $z_l = z_s$ folgende Bedingung $\delta = \dfrac{\pi}{4}\,d = \sim 0{,}8\,d$ ist nur selten erfüllt.

B. Anordnung der Nietverbindungen.

1. Einreihige Vernietung (Abb. 32).

Abstand der Niete vom Rand:

parallel zur Kraftrichtung

8a) $$e_{min} = \underline{2\,d} \;[\text{bis } 1{,}5\,d],$$

rechtwinklig zur Kraftrichtung

8b) $$e_{1\,min} = 1{,}5\,d \;[\text{bis } 2\,d].$$

Da $b = 2\,e_1$ ist (Abb. 32), so folgt

9a) $$b = 3\,d \text{ bis } 4\,d$$

und umgekehrt

9b) $$d = \frac{b}{3} \text{ bis } \frac{b}{4},$$

Gleichungen, aus denen bei gegebener Breite b der Nietdurchmesser d und umgekehrt bestimmt werden kann.

Abstand der Niete voneinander (Nietteilung):

10) $$t_{min} = 3\,d \;[\text{bis } 2{,}5\,d].$$

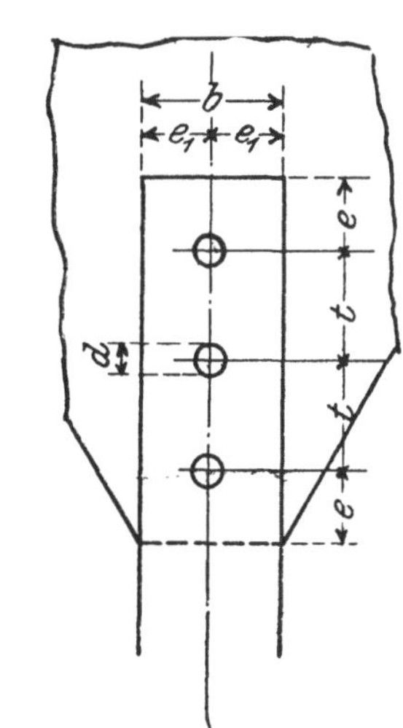

Abb. 32. Einreihige Vernietung.

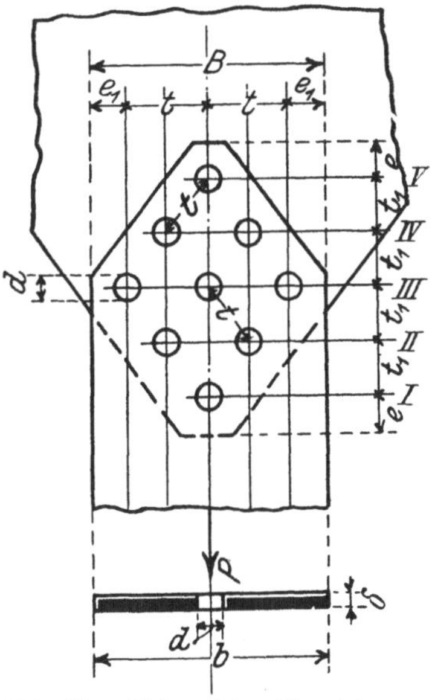

Abb. 33. Mehrreihige Vernietung.

2. Mehrreihige Vernietung (Abb. 33).

11) Die Anordnung der Niete muß zur Schwerachse des anzuschließenden Stabes symmetrisch sein.

12) In der ersten Nietreihe (I) wird stets nur ein Niet, in jeder folgenden Reihe stets nur ein Niet mehr als in der vorhergehenden angeordnet, damit man bei der Berechnung der wirklich vorhandenen Fläche nur ein Nietloch abzuziehen braucht. Für die Werkstatt wird nicht das Schrägmaß t, sondern das Maß t_1 angegeben, das leicht zu berechnen und auf Null oder 5 abzurunden ist.

Die in Abb. 33 angegebenen Teilungen t müssen entsprechend Gl. 10) mindestens gleich $t_{min} = 3\,d$ bis $2{,}5\,d$ sein.

3. Nietung in zwei Ebenen (Abb. 34). Der Abstand w der Nietlinie (Wurzellinie), das „Wurzelmaß", beträgt

$$w = 0,5\,a + 5 \quad \text{mm, wenn } a \text{ auf } 0 \text{ endigt:}$$
$$w = 0,5\,a + 2,5 \quad \text{„} \qquad \text{„} \quad a \text{ „ } 5 \qquad \text{„} \;.$$

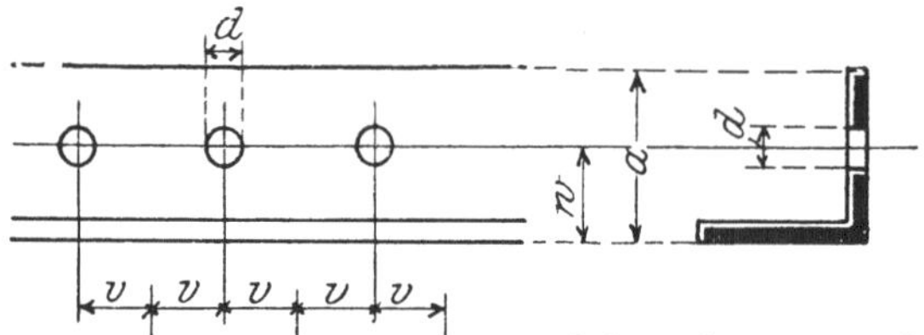

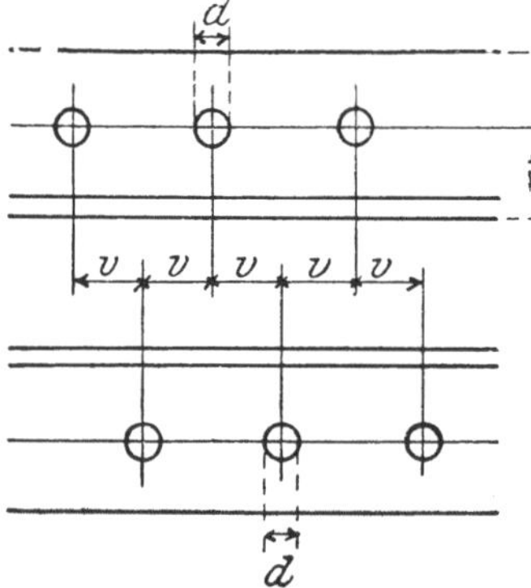

Abb. 34. Nietung in zwei Ebenen:

Die Niete müssen in den beiden Ebenen um das Maß

$$13) \quad v = 2\,d \;[\text{bis } 1,5\,d]$$

gegeneinander versetzt sein.

Ist $a > 4\,d$ (Abb. 35), so ordnet man versetzte Nietreihen an, wobei $e_1 = 1,5\,d$ bis $2\,d$ und $w_1 = e_1 + 5$ bis $e_1 + 15$ mm gewählt wird.

Für die Werkstatt ist auch hier das Maß t_1 einzuschreiben, das mindestens gleich $2,5\,d$ zu wählen ist.

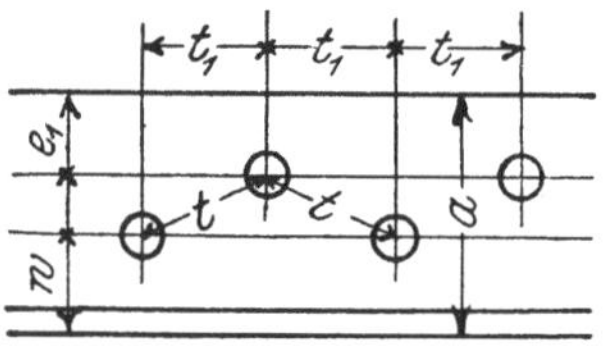

C. Beispiele.

1. Aufgabe. Es ist der Stoß eines Flacheisens $\dfrac{200}{12}$ zu berechnen. $d = 23$ mm Durchm.; $k = 1000$ kg/qcm; $k_s = 750$ kg/qcm; daher $v = \dfrac{4}{3}$.

Auflösung. Es ist $F = (20,0 - 2,3)\,1,2 = 21,2$ qcm: $F_s = \dfrac{4}{3} \cdot 21,2 = 28,3$ qcm; daher nach Gl. 6) $z_s = \dfrac{28,3}{2 \cdot 4,2} = 4$ Stück, nach Gl. 7) $z_l = \dfrac{28,2}{2 \cdot 2,3 \cdot 1,2} = 6$ Stück.

Es sind daher an jeder Seite des Stoßes 6 doppelschnittige Niete von 23 mm Durchmesser anzuordnen, wie in Abb. 36 dargestellt.

Abb. 35.

Um die Stärke x der Stoßlaschen zu bestimmen, hat man zu beachten, daß die Laschen in der Reihe III das Flacheisen ersetzen müssen; da sie hier durch 3 Nietlöcher verschwächt sind, ergibt sich $2\,(20,0 - 3 \cdot 2,3)\,x = 21,2$, daher $x = 0,9$ cm.

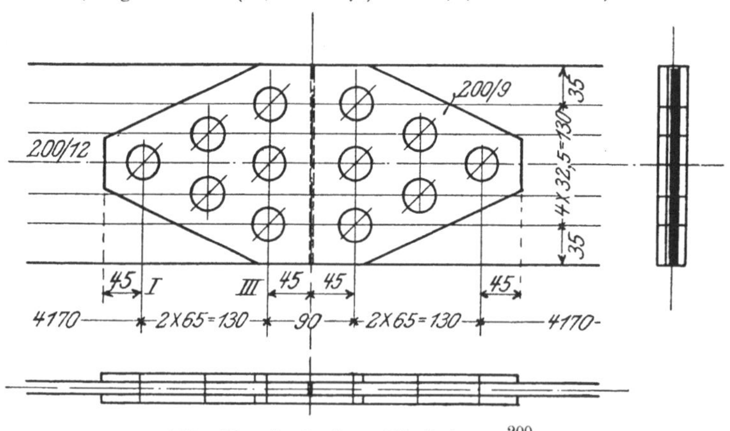

Abb. 36. Stoß eines Flacheisens $\dfrac{200}{12}$.

$F = (20,0 - 2,3)\,1,2 = 21,2$ qcm, $P = 21,2 \cdot 1000 = 21\,200$ kg. Gewählt sind 6 doppelschnittige Niete von 23 $\varnothing$ mit $F_s = 2 \cdot 6 \cdot 4,2 = 50,4$ qcm und $F_l = 6 \cdot 2,3 \cdot 1,2 = 16,6$ qcm, daher $\sigma_s = \dfrac{21\,200}{50,4} = 430$ kg qcm, $\sigma_l = \dfrac{21\,200}{16,6} = 1280$ kg/qcm. Querschnitt der Laschen $2\,(20,0 - 3 \cdot 2,3)\,0,9 = 23,6$ qcm.

2. Aufgabe. Es ist der Stoß eines auf Druck beanspruchten Winkeleisens $120 \cdot 80 \cdot 10$ zu berechnen; $d_1 = 23$ mm, $d_2 = 20$ mm Durchm.; $k = 1000$ kg/qcm; $k_s = 750$ kg/qcm; daher $v = \dfrac{4}{3}$.

Auflösung. $F = 19,0$ qcm; $F_s = \dfrac{4}{3} \cdot 19,0 = 25,3$ qcm.

$\dfrac{120}{10}$: $F' = 12,0 \cdot 1,0 = 12,0$ qcm; $F_s' = \dfrac{4}{3} \cdot 12,0 = 16,0$ qcm:

$$n_s' = \dfrac{16,0}{4,2} = 4 \text{ Stück}; \quad n_l' = \dfrac{16,0}{2 \cdot 2,3 \cdot 1,0} = 4 \text{ Stück}.$$

$\dfrac{70}{10}$: $F'' = 7,0 \cdot 1,0 = 7,0$ qcm, $F_s'' = \dfrac{4}{3} \cdot 7,0 = 9,3$ qcm;

$$n_s'' = \dfrac{9,3}{3,1} = 3 \text{ Stück}; \quad n_l'' = \dfrac{9,3}{2 \cdot 2,0 \cdot 1,0} = 3 \text{ Stück}.$$

Es sind daher an jeder Seite des Stoßes im großen Schenkel 4 Niete von 23 mm Durchm., im kleinen 3 Niete von 20 mm Durchm. anzuordnen, wie in Abb. 37 dargestellt.

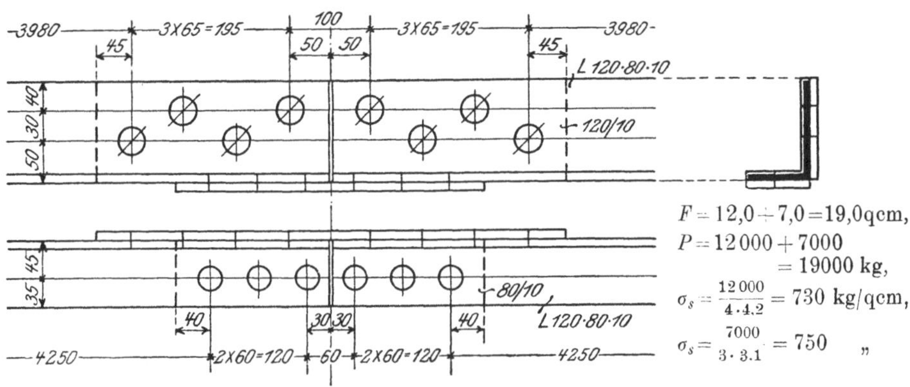

$F = 12,0 + 7,0 = 19,0 \text{ qcm},$
$P = 12000 + 7000$
$\qquad = 19000 \text{ kg},$
$\sigma_s = \dfrac{12000}{4 \cdot 4,2} = 730 \text{ kg/qcm},$
$\sigma_s = \dfrac{7000}{3 \cdot 3,1} = 750 \quad \text{„}$

Abb. 37. Stoß eines Winkeleisens $120 \cdot 80 \cdot 10$.

3. **Aufgabe:** Es ist der Anschluß eines auf Zug beanspruchten ⌴ NP. 18 an ein 10 mm starkes Blech zu berechnen. $d = 20$ mm Durchm.; $k = 1200$ kg/qcm; $k_s = 1000$ kg/qcm; daher $v = 1,2$.

Auflösung. $F = (28,0 - 2 \cdot 2,0 \cdot 1,1) = 23,6$ qcm; $F_s = 1,2 \cdot 23,6 = 28,3$ qcm.

Steg $\dfrac{180}{8}$: $F' = 18,0 \cdot 0,8 = 14,4$ qcm; $F_s' = 1,2 \cdot 14,4 = 17,3$ qcm;

$$n_s = \dfrac{17,3}{3,1} = 6 \text{ Stück};$$

$$n_l = \dfrac{17,3}{2 \cdot 2,0 \cdot 0,8} = 6 \text{ Stück}.$$

Flansch $\dfrac{62}{11}$: $F'' = (6,2 - 2,0) \, 1,1 = 4,6$ qcm;

$$F_s'' = 1,2 \cdot 4,6 = 5,5 \text{ qcm};$$

$$n_s = \dfrac{5,5}{3,1} = 2 \text{ Stück};$$

$$n_l = \dfrac{5,3}{2 \cdot 2,0 \cdot 0,9} = 2 \text{ Stück[1]}.$$

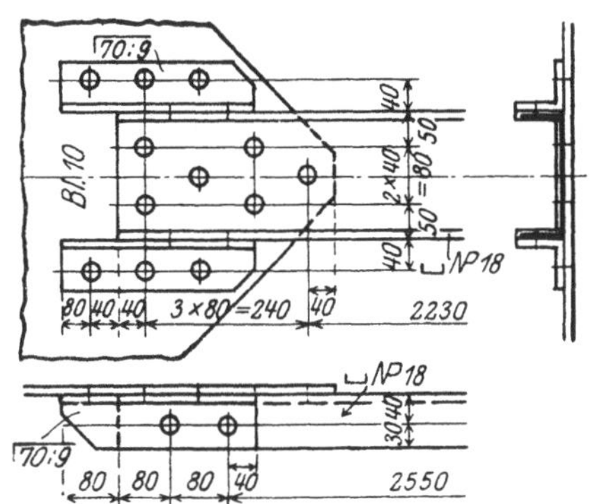

Abb. 38. Anschluß eines ⌴ Nr. 18.

Es sind daher im Steg 6, in jedem Flansch je 2 Niete von 20 mm Durchm. anzuordnen, wie in Abb. 38 dargestellt, aus der auch der Anschluß der Flansche mittels Winkeleisen ersichtlich ist.

---

[1]) Die Dicke $\delta = 0,9$ im Nenner ist die Stärke des zum Anschluß der Flanschen verwendeten Hilfswinkels $70 \cdot 70 \cdot 9$.

4. **Aufgabe.** Es ist der Anschluß eines Rundeisens von $D = 30$ mm Durchm. an zwei je 10 mm starke, 100 mm breite Flacheisen mit einem doppelschnittigen Bolzen zu berechnen. Zugkraft im Rundeisen $P = 4500$ kg; $k = 1000$ kg/qcm; $k_s = 750$ kg/qcm; daher $v = \dfrac{4}{3}$.

Auflösung. Nach Abb. 39, die den Anschluß darstellt, ist ein $1\frac{1}{4}''$-Schraubenbolzen mit $F = 8,0$ qcm Schaftfläche und $W = 3,2$ cm³ Widerstandmoment gewählt. Der Bolzen erleidet das Biegungsmoment

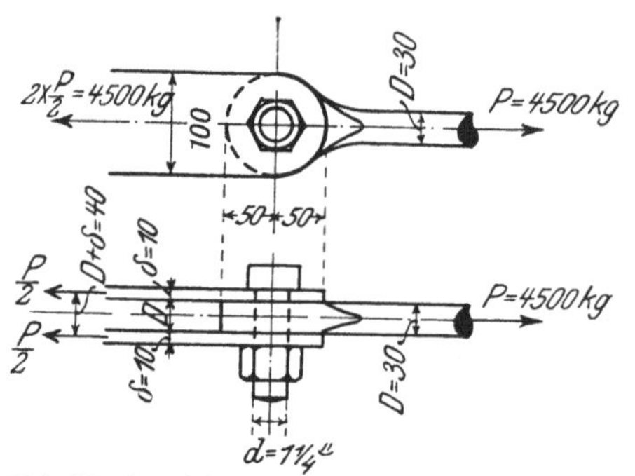

Abb. 39. Anschluß ein. Rundeis. von 30 mm ⌀.

$$M = \frac{P}{2}\,\frac{D+\delta}{2} - \frac{P}{2}\,\frac{D}{4} = \frac{P}{8}(D + 2\,\delta)$$

oder

$$M = \frac{4500}{8}(3,0 + 2\cdot 1,0) = 2810 \text{ cmkg.}$$

daher die Beanspruchung auf

$$\text{Biegung } \sigma_b = \frac{2810}{3,2} = 880 \text{ kg/qcm;}$$

$$\text{Abscheren } \sigma_s = \frac{4500}{2\cdot 8,0} = 280 \text{ kg/qcm;}$$

$$\text{Lochleibung } \sigma_l = \frac{4500}{2\cdot 3,2\cdot 1,0} = 700 \text{ kg/qcm.}$$

III. Träger.

Ein Träger überträgt die auf ihn wirkenden Lasten durch seinen **Biegungswiderstand** auf die Auflagerpunkte. Man unterscheidet:

1. **Balkenträger,** d. s. Träger mit meist geradliniger Achse, die bei lotrechter Belastung nur lotrechte Drücke auf ihre Stützpunkte übertragen, eingeteilt in a) einseitig eingespannte oder Kragträger; b) Träger auf zwei Stützen mit frei drehbaren oder eingespannten Enden; c) Träger auf mehreren Stützen, entweder α) ununterbrochen durchlaufend (kontinuierliche Träger) oder β) mit Gelenken versehen (Gerberträger, Abb. 40), wobei man die „eingehängten Träger" und die „Kragträger" unterscheidet.

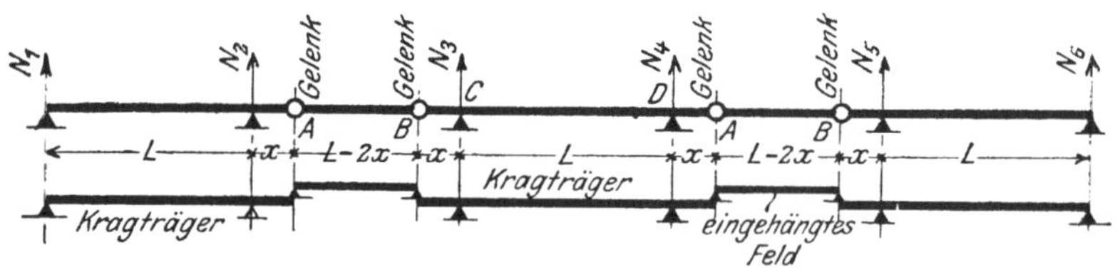

Abb. 40. Träger mit Gelenken (Gerberträger).

2. **Bogenträger,** d. s. Träger mit gekrümmter Achse, die bei lotrechter Belastung lotrechte und wagerechte Drücke auf ihre Stützpunkte übertragen, eingeteilt in Bögen ohne Gelenke (eingespannte Bögen, Gewölbe) und Bögen mit ein, zwei oder drei Gelenken (Ein-, Zwei- oder Dreigelenkbögen).

Der **Form** nach unterscheidet man: 1. **Vollwandige Träger,** die der ganzen Länge nach einen ununterbrochen durchlaufenden Querschnitt haben (z. B. I-Träger), und 2. **Fachwerkträger,** die aus einzelnen Stäben zusammengesetzt sind.

A. Berechnung vollwandiger Balkenträger.

1. Berechnung des Trägerquerschnitts. Zur Berechnung eines Trägers (Abb. 41a) müssen gegeben sein:

a) **Die Stützweite** L; sie berechnet sich aus der Lichtweite L_i zu $L = L_i + 2e$, wobei $e = 0,15 - 0,40$ m bei Hochbaukonstruktionen, $e = 0,25 - 1,00$ m bei Kran- und Brückenkonstruktionen; $e_{\min} = \dfrac{1}{40} L_i$.

b) **Die Belastungsbreite** b, die bei nebeneinanderliegenden parallelen Trägern mit der Entfernung dieser Träger voneinander übereinstimmt.

c) **Die gleichförmig verteilte Belastung** p in kg/qm, aus der sich die gesamte gleichförmig verteilte Last für einen Träger zu $Q = p\,b\,L$ berechnet.

d) **Die auf den Träger wirkenden Einzellasten** P, die auch beweglich sein können, wie z. B. bei Kran- und Brückenträgern.

Aus diesen gegebenen Werten berechnet man das größte Biegungsmoment $M_{\max}$, wobei man die beweglichen Lasten in die ungünstigste Stellung zu rücken hat. Liegt die Achse des Trägers schräg (Abb. 41b), so berechnet man ihn wie seine Horizontalprojektion.

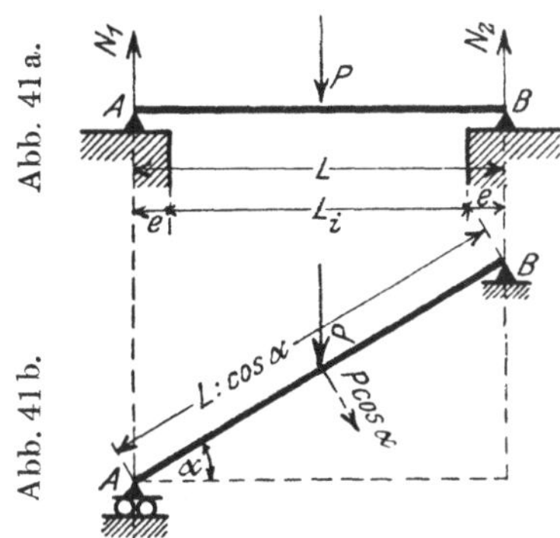

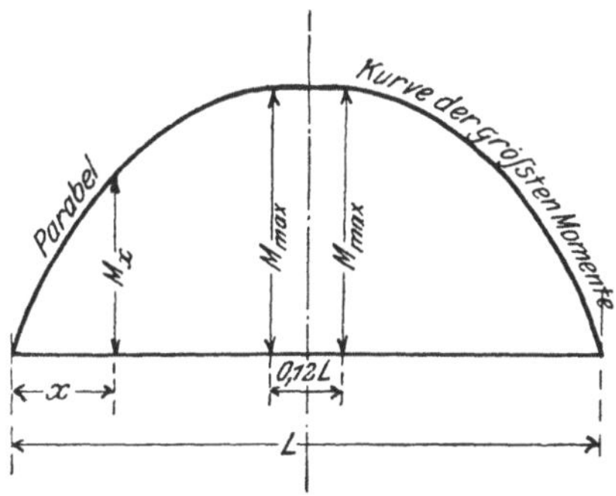

Abb. 42. Kurve der größten Momente.

Aus $M_{\max}$ und der gegebenen zulässigen Biegungsbeanspruchung k_b ergibt sich das erforderliche Widerstandsmoment $W = M_{\max} : k_b$; der zu wählende Trägerquerschnitt muß dann mindestens ein Widerstandsmoment von der Größe W haben.

Der Abnahme der Biegungsmomente entsprechend kann auch das Widerstandsmoment allmählich verkleinert werden. Zur Berechnung des an irgendeiner Stelle x (Abb. 42) erforderlichen Widerstandsmoments W_x hat man das an dieser Stelle auftretende größte Biegungsmoment M_x zu ermitteln; trägt man alle diese M_x senkrecht zur Balkenachse auf, so ergibt die Verbindungslinie ihrer Endpunkte die **Kurve der größten Momente**, und diese darf bei einem Träger auf zwei Stützen sowohl für die ständige Last als auch für die bewegliche Verkehrslast durch eine gerade Linie von der Länge $0,12\,L$ und zwei an diese sich tangential anschließende Parabelstücke (Abb. 42) ersetzt werden. Damit ergeben sich die Werte $M_x : M_{\max}$ der folgenden Zahlentafel I; für zwischenliegende Werte $\dfrac{x}{L}$ ist unter Benutzung der Werte $\varDelta \dfrac{M_x}{M_{\max}} : \varDelta \dfrac{x}{L}$ geradlinig einzuschalten. Ein Beispiel für die Anwendung s. 12. Aufg.

2. Berechnung der Auflagerung im Mauerwerk. a) Aus den gegebenen Lasten Q und P berechnet man den größten Stützdruck N, wobei man die beweglichen Lasten in die ungünstigste Stellung zu rücken hat. Aus N, der zulässigen Druckbeanspruchung k_m des Mauerwerks und der bekannten Trägerbreite b berechnet man die erforderliche Auflagerfläche

$$14) \qquad F = \frac{N}{k_m}$$

und daraus die erforderliche Auflagerlänge (Abb. 43)

$$15) \qquad a = \frac{F}{b},$$

wobei aber a höchstens gleich der Trägerhöhe h sein soll.

Zahlentafel I.

$\dfrac{x}{L}$	$\dfrac{M_x}{M_{max}}$	$\dfrac{\Delta\frac{M_x}{M_{max}}}{\Delta\frac{x}{L}}$	$\dfrac{x}{L}$	$\dfrac{M_x}{M_{max}}$	$\dfrac{\Delta\frac{M_x}{M_{max}}}{\Delta\frac{x}{L}}$	$\dfrac{x}{L}$	$\dfrac{M_x}{M_{max}}$	$\dfrac{\Delta\frac{M_x}{M_{max}}}{\Delta\frac{x}{L}}$	$\dfrac{x}{L}$	$\dfrac{M_x}{M_{max}}$	$\dfrac{\Delta\frac{M_x}{M_{max}}}{\Delta\frac{x}{L}}$	$\dfrac{x}{L}$	$\dfrac{M_x}{M_{max}}$	$\dfrac{\Delta\frac{M_x}{M_{max}}}{\Delta\frac{x}{L}}$
0,00	0,000		0,10	0,403		0,20	0,703		0,30	0,899		0,40	0,992	
		4,45			3,40			2,35			1,35			0,30
0,02	0,089		0,12	0,471		0,22	0,750		0,32	0,926		0,42	0,998	
		4,25			3,20			2,15			1,10			0,10
0,04	0,174		0,14	0,535		0,24	0,793		0,34	0,948		0,44	1,000	
		4,00			3,00			2,00			0,95			0,00
0,06	0,254		0,16	0,595		0,26	0,833		0,36	0,967		0,46	1,000	
		3,85			2,80			1,75			0,70			0,00
0,08	0,331		0,18	0,651		0,28	0,868		0,38	0,981		0,48	1,000	
		3,60			2,60			1,55			0,55			0,00
0,10	0,403		0,20	0,703		0,30	0,899		0,40	0,992		0,50	1,000	

b) Ergibt sich $a > h$, so wird entweder

α) k_m vergrößert durch Anordnung eines druckfesteren Mauerkörpers (Hartbrandsteine in Zementmörtel, Werksteine, Beton), oder aber

β) b vergrößert durch Anordnung einer **Auflagerplatte** (Abb. 44) von der größeren Breite b_1, deren Dicke δ sich aus der Gl. $\dfrac{N a_1}{8} = \dfrac{b_1 \delta^2}{6} k_b$ zu

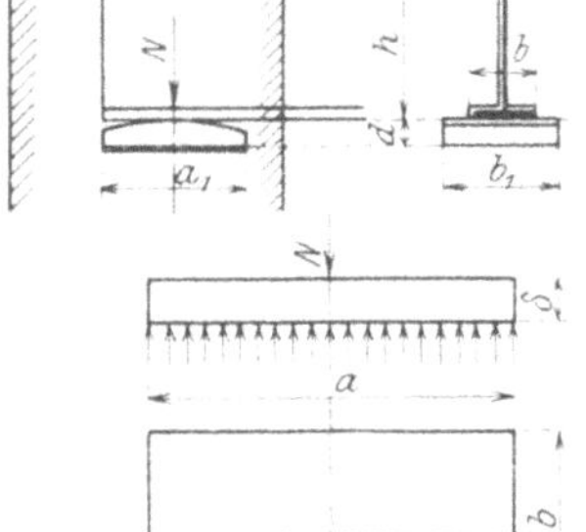

$$16)\qquad \delta = \sqrt{\frac{3}{4}\frac{N a_1}{k_b b_1}} \left\{ k_b = \frac{250}{1200}\ \text{kg/qcm für}\ \begin{matrix}\text{Gußeisen}\\ \text{Stahlformguß}\end{matrix} \right\}$$

berechnet; oder endlich

γ) k_m und b vergrößert durch gleichzeitige Anordnung einer Auflagerplatte und eines druckfesteren Mauerkörpers.

Abb. 43. Trägerauflagerung.   Abb. 44. Auflagerplatte.

B. Konstruktion vollwandiger Balkenträger.

Die Träger werden als auf Biegung beanspruchte Konstruktionsteile mit Rücksicht auf die größere Festigkeit des **Flußeisens** durchweg aus diesem Material hergestellt.

Nur dort, wo nicht die gute Materialausnutzung, sondern die leichte und billige **Formgebung** ausschlaggebend ist (z. B. bei Auflagerplatten, Trägerzwischenstücken, im Maschinenbau) wird Gußeisen bez. Stahlformguß verwendet.

1. Querschnittsform. Soll eine Querschnittsform wirtschaftlich zur Verwendung als Träger sein, so muß

α) die Schwerachse in der Mitte der Höhe liegen.

Da für Flußeisen die zulässigen Beanspruchungen auf Zug und Druck gleich groß sind, sollen auch die tatsächlich auftretenden größten Zug- und Druckspannungen in den äußersten Fasern gleich groß sein.

β) die Hauptmasse der Flächenteile möglichst weit von der Schwerachse entfernt liegen, damit das Trägheitsmoment und damit das Widerstandsmoment bei kleiner Fläche möglichst groß wird.

Beide Bedingungen erfüllt der ├─┤-förmige Querschnitt.

a) *Gewalzte* ├─┤-*Profile:* I (Normalprofile und Differdinger), └┘-, Z-, ⌒-Eisen.

Eine Verstärkung der gewalzten Träger kann erzielt werden durch:

α) **Auf- und untergelegte Flacheisen** (Gurtplatten oder Lamellen, Abb. 45): ungünstig wegen der Nietverschwächungen, die bei der Berechnung des Trägheits- bzw. Widerstandsmoments in Rechnung zu stellen sind.

Die Niete zwischen Flansch und Lamellen sind erforderlich, um bei der durch die Belastung erzeugten Durchbiegung des Trägers eine Verschiebung der Lamellen zu verhindern; diese Verschiebung (v in Abb. 46) ist am Auflager am größten. Man kann sie sich durch eine zwischen Flansch und Lamelle wirkende Kraft H hervorgerufen denken, und eben diese Kraft H ist durch die Niete aufzunehmen, deren Entfernung t voneinander daher ein bestimmtes Maß nicht überschreiten darf. Schneidet man am Auflager ein Trägerstück von der Länge t heraus (Abb. 47), so wirken an diesem Stück außer den beiden Kräften H noch der Stützdruck N und die Scherkraft $V = N$ an der Schnittstelle. Das Gleichgewicht erfordert $Vt = Hh$, daher $t = Hh : V$. Die Kraft H

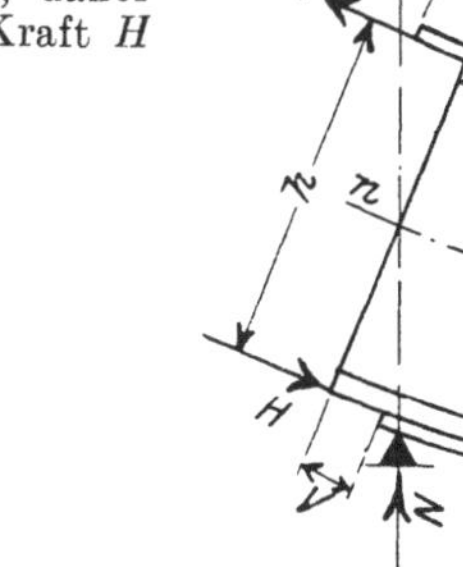

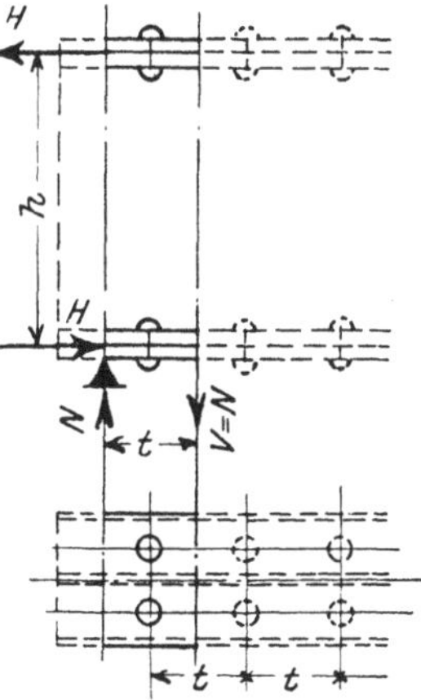

Abb. 45.   Abb. 46.   Abb. 47.

muß durch den Scherwiderstand der beiden hintereinandersitzenden Niete vom Durchmesser d aufgenommen werden, so daß $H = 2 \cdot {}^1/_4\, \pi\, d^2\, k_s$ wird, da die Lamellenstärke stets die Gl. 5) erfüllen soll. Der kleinste Nietabstand am Auflager wird daher

$$17) \qquad t_{\min} = \frac{\pi\, d^2\, h\, k_s}{2\, V}.$$

Gegen die Trägermitte hin wird die Scherkraft V geringer, so daß t größer gewählt werden kann, wobei indessen

$$18) \qquad t_{\max} = \begin{cases} 6\,d \div\ 8\,d & \text{im Druckgurt} \\ 8\,d \div 10\,d & \text{im Zuggurt} \end{cases}$$

nicht überschritten werden soll.

β) **Durch Verdoppelung** (bzw. Vervielfachung) der Träger (Abb. 48). Damit sich die nebeneinanderliegenden Träger gleichmäßig an der Lastaufnahme beteiligen, müssen sie in der gleichen Höhenlage erhalten werden; daher werden sie in Abständen von 1,5 bis 2,5 m, vor allem aber da, wo größere Einzellasten angreifen (also z. B. stets an den Auflagerstellen), miteinander verbunden, bei kleiner Trägerhöhe (z. B. bei der Überdeckung einer Maueröffnung) durch Schrauben mit übergeschobenem Gas-

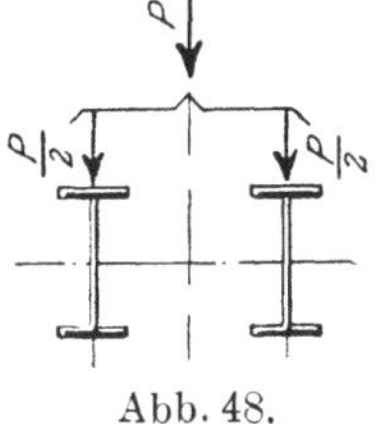

Abb. 48.

rohrstück (Abb. 49), bei größerer Höhe dagegen stets mittels eines besonderen gußeisernen Zwischenstücks (Abb. 50), wobei bis etwa 40 cm Höhe 2, darüber hinaus 3 Schrauben angeordnet werden.

Der Schraubendurchmesser d wird bis zu ⊢⊣ NP. 30 zu 20 mm $(^3/_4'')$, bis zu ⊢⊣ NP. 40 zu 23 mm $(^7/_8'')$, bis zu ⊢⊣ NP. 55 zu 26 mm $(1'')$, die Breite des Zwischenstücks zu $b \geq 3\,d$, seine Stärke zu $\delta = 0{,}6\,d$ gewählt.

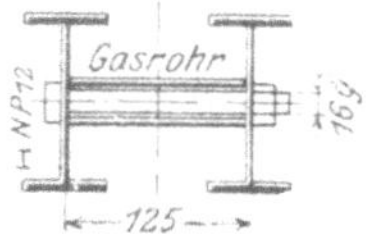
Abb. 49.

b) *Genietete* ⊢⊣-*Profile.* Ergibt die Rechnung ein Walzprofil von mehr als etwa 40 bis 45 cm Höhe, so ist in vielen Fällen die Verwendung zusammengenieteter ⊢⊣-Profile, der „Blechträger", vorteilhafter, die aus Stehblech, Gurtwinkeln (Abb. 51a) und meist Lamellen (Abb. 51b) bestehen. Erfordert die Übertragung der Last eine breite Auflagerfläche (z. B. bei der Überdeckung einer Maueröffnung), so verwendet man die Kastenträger, die aus ⊔-Eisen und Lamellen (Abbildung 52a) oder aber meist aus Stehblechen, Gurtwinkeln und Lamellen (Abb. 52b) bestehen.

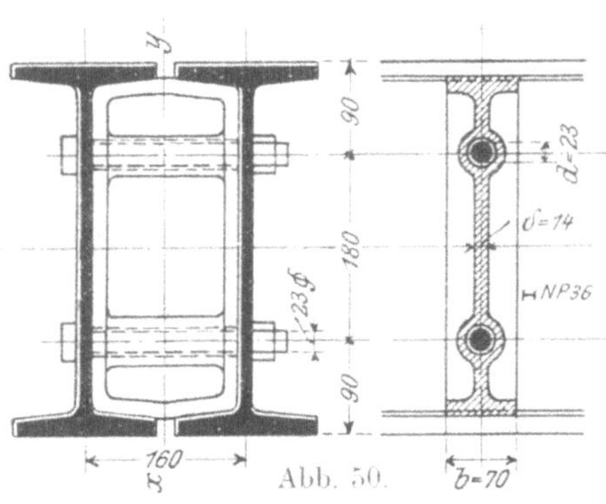
Abb. 49 u. 50. Querverbindung gewalzter Träger.

Die Stehblechhöhe ist in der Regel durch die Konstruktion selbst bedingt; ist dann F die Querschnittsfläche einer Gurtung (2 Winkel + Lamellen, Abb. 53), so berechnet sich das Trägheitsmoment annähernd zu $J = 2\,F\,(0{,}5\,h)^2 = 0{,}5\,F h^2$, daher das Widerstandsmoment angenähert zu $W = 2\,J : h = F h$; die für eine Gurtung erforderliche Querschnittsfläche berechnet sich daher angenähert zu $F = W : h$, wo W das durch Rechnung gefundene erforderliche Widerstandsmoment ist. Ist F gefunden, so muß das genaue Trägheits- und Widerstandsmoment berechnet werden, wobei in jeder Gurtung 2 lotrechte Nietlöcher und außerdem im Stehblech $15\,^0/_0$ seiner Stärke abzuziehen sind.

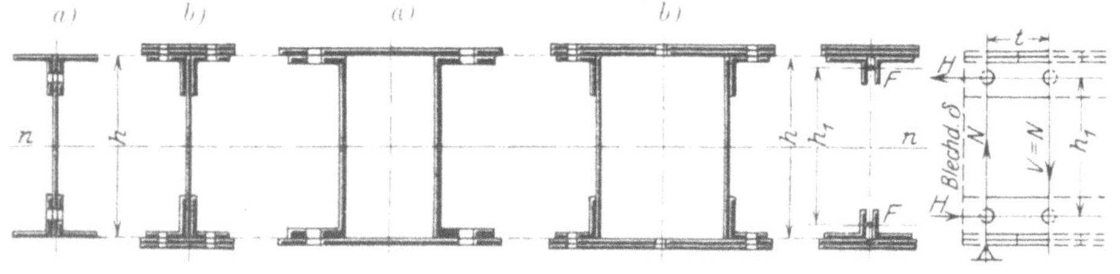
Abb. 51. Blechträger.   Abb. 52. Kastenträger   Abb. 53.   Abb. 55.

Die genieteten Träger gestatten, den Trägerquerschnitt entsprechend der Abnahme der Momente (Abb. 42) zu verkleinern, sei es durch die (nur selten ausgeführte) Verringerung der Stehblechhöhe, sei es durch Weglassen der Lamellen. Aus der Kurve der größten Momente (Abb. 42) und der zulässigen Biegungsbeanspruchung k_b ergibt sich unmittelbar die in Abb. 54 dargestellte Kurve der größten erforderlichen Widerstandsmomente. Trägt man die wirklich vorhandenen Widerstandsmomente (W_0 ohne, W_1 mit je 1, W_2 mit je 2, W_3 mit je 3 Lamellen oben und unten) auf, so erhält man die treppenförmige Linie der Abb. 54, die die Kurve der erforderlichen Widerstandsmomente umschließt und unmittelbar die für die einzelnen Lamellen erforderlichen Längen λ ergibt. Diese Länge λ ist in der Ausführung noch beiderseits um diejenige Länge u zu vergrößern, die zur Unterbringung der für die betr. Lamelle erforderlichen Anschlußniete notwendig ist.

Die Entfernung t der Niete, die Gurtwinkel und Stehblech verbinden, berechnet sich wie vorher nach Abb. 55 zu $t = H h_1 : V$, wo h_1 genau genug gleich der Entfernung der Wurzellinien gesetzt werden darf. Da die Niete doppelschnittig sind, die Stehblechdicke δ

in der Regel aber $< {}^1/_4 \pi d$ ist, so ist die Kraft H gleich dem Widerstand des Niets auf Lochleibungsdruck, also $H = d\,\delta\,k_l = 2\,d\,\delta\,k_s$ zu setzen; daher ergibt sich die kleinste Nietteilung am Auflager zu

$$19)\qquad t_{min} = \frac{2\,d\,\delta\,h_1\,k_s}{V},$$

wo V gleich dem größten Stützdruck N ist. Entsprechend der Abnahme der Scherkraft V kann die Nietteilung gegen die Mitte hin vergrößert werden; auch hier bleibt indes Gl. 18) gültig.

Die Nietteilung zwischen Lamellen und Gurtwinkeln wird in der Regel ebenso groß gewählt; sie ist sonst nach Gl. 9) zu berechnen.

Um ein Ausbiegen und Ausknicken der nur dünnen Stehbleche zu verhindern, sind diese in 1,0 bis 1,5 m Entfernung, vor allem aber da, wo größere Einzellasten wirken (insbesondere also stets an den Auflagerstellen) durch seitlich aufgenietete Winkel- (seltener $\perp$-) Eisen auszusteifen (Abb. 56a bis 56d), die mittels Futterstücken über die ganze Trägerhöhe durchzuführen sind.

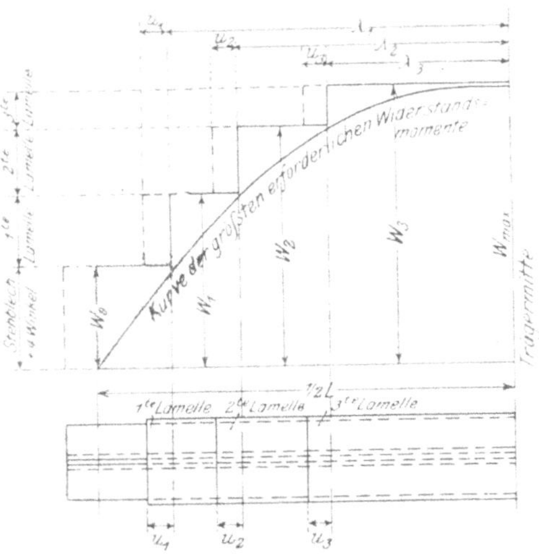

Abb. 54. Kurve der größten erforderlichen Widerstandsmomente.

2. Stoß der Träger. a) Der Stoß eines Trägers wird, wenn irgend möglich, über einem Auflagerpunkt angeordnet; hier ist das Moment gleich Null, und es genügen zur Stoßdeckung zwei seitlich des Stegs bzw. Stehblechs angeordnete Stoßlaschen (Abbildung 57).

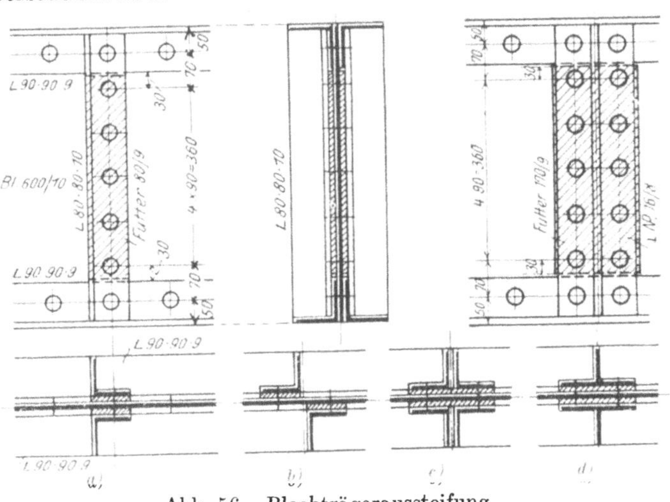

Abb. 56. Blechträgeraussteifung.

b) Bei Gerberträgern (Abb. 40) fallen die Stöße mit den Gelenkpunkten (A und B in Abb. 40) zusammen und werden zur Berücksichtigung der Längenänderungen bei Temperaturschwankungen abwechselnd fest (Abb. 58a) und beweglich (Abb. 58b) ausgeführt.

Bei solchen Gelenkanschlüssen haben die Niete außer dem im Gelenkbolzen angreifenden Stützdrucke P auch noch das Moment $M = P\,p$ (Abb. 58a) zu übertragen, das sich mit den Zahlenangaben der Abb. 58a zu $M = 1320 \cdot 10 = 13\,200$ cmkg berechnet. Jede der beiden Nietreihen erleidet daher eine wagerechte Zusatzkraft H, die sich aus der Gleichung $H \cdot 6,0 = M$ zu

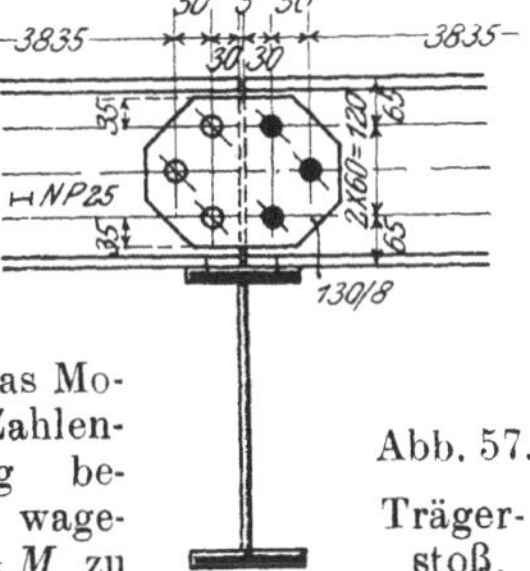

Abb. 57. Trägerstoß.

$H = 13\,200 : 6{,}0 = 2200$ kg, also für jedes der beiden Niete einer Reihe zu $0{,}5\,H = 1100$ kg berechnet. Ein Niet hat daher die Kraft

$$H = \sqrt{(^1/_4\,1320)^2 + 1100^2} = \sim 1160 \text{ kg}$$

aufzunehmen, erleidet daher bei 16 mm Durchm. die Beanspruchung auf

$$\text{Abscheren} \qquad \sigma_s = \frac{1160}{2 \cdot 2{,}0} = 290 \text{ kg/qcm};$$

$$\text{Lochleibungsdruck} \qquad \sigma_l = \frac{1160}{1{,}6 \cdot 0{,}56} = 1270 \text{ kg/qcm}.$$

Der Gelenkbolzen ist nach Aufgabe 3 zu berechnen.

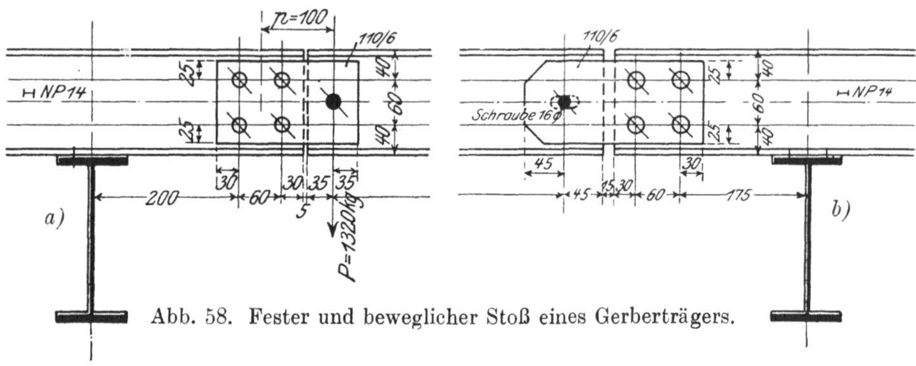

Abb. 58. Fester und beweglicher Stoß eines Gerberträgers.

Die Stoßlaschen erhalten den Querschnitt 110/6, daher die Biegungsbeanspruchung

$$\sigma_b = \frac{13\,200 \cdot 6}{2 \cdot 0{,}6 \cdot 11{,}0^2} = \sim 550 \text{ kg/qcm}.$$

Durch passende Wahl der Entfernung x des Gelenkpunktes von der Stütze kann man eine wesentliche Materialersparnis erzielen. Wählt man nämlich (Abb. 59)

20)
$$x = \frac{b}{2}\left(1 - \frac{1}{\sqrt{2}}\right) = 0{,}1464\,b,$$

so werden in den Mittelfeldern die Momente M_1 im eingehängten Felde, M_2 über der Stütze und M_3 in Mitte Kragträger gleich groß, nämlich

21)
$$M_1 = -M_2 = M_3 = \frac{p\,b^2}{16},$$

wenn p die Belastung in kg/m ist. In den Endfeldern tritt das größte Moment im Abstand $^7/_{16}\,b$ auf mit

22)
$$M_4 = \frac{49}{32}\frac{p\,b^2}{16}.$$

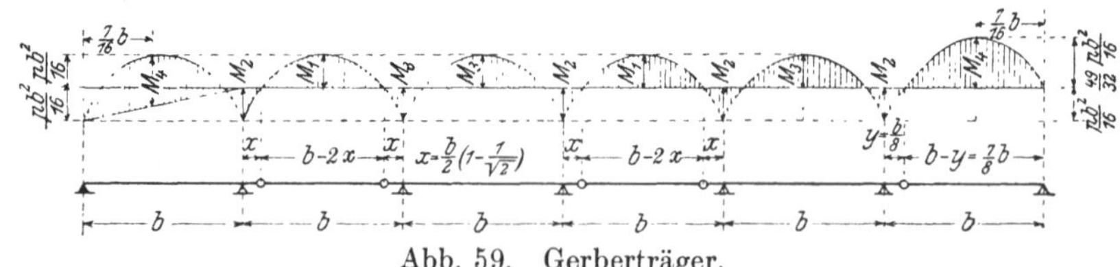

Abb. 59. Gerberträger.

c) **Muß der Stoß des Trägers zwischen zwei Stützpunkten** angeordnet werden, so ist jeder einzelne Querschnittsteil durch eine besondere Stoßlasche zu decken, derart, daß die Summe der Widerstandsmomente aller Stoßlaschen mindestens gleich dem an der Stoßstelle erforderlichen Widerstandsmoment ist.

Jede Stoßlasche ist dabei beiderseits der Stoßstelle mit so viel Nieten anzuschließen, daß die Summe der Nietquerschnitte mindestens gleich dem ν-fachen (Gl. 2) des durch die Lasche gedeckten Querschnittsteils ist.

3. Auflagerung der Träger im Mauerwerk. Bei kleineren Auflagerdrücken werden flußeiserne Unterlagplatten von 15 bis 30 mm Stärke verwendet.

Bei größeren Stützdrücken werden die Auflagerplatten aus Gußeisen oder Stahlformguß mit gewölbter Oberfläche (Pfeil $^1/_{20}$ bis $^1/_{25}$ der Plattenlänge, zur Vermeidung einseitiger Kantenpressungen), seitlichen Anschlagleisten (20 bis 60 mm breit, 10—20 mm hoch, zur Verhinderung einer seitlichen Verschiebung) und unteren Rippen (40 bis 60 mm hoch, 25 bis 50 mm stark, zur Vermeidung einer Verschiebung auf dem Mauerwerk) ausgeführt (Abb. 60). Zwischen Platte und Auflagermauerwerk wird zur Erzielung einer gleichförmigen Druckverteilung eine Bleiplatte von 5 bis 6 mm oder meist eine Zementschicht (1 Zement + 1 Sand) von 10 bis 20 mm Stärke angeordnet.

Bei einer Wärmeänderung kann der Träger am beweglichen Auflager auf der gewölbten Oberfläche gleiten („Gleitlager"); am festen Auflager wird die Verschiebung des Trägers entweder durch einen oder mehrere oben konisch abgedrehte Stahldorne (Abb. 60 a) oder aber durch vorspringende angegossene Nasen (n in Abb. 61) verhindert, die in entsprechende Aussparungen der untergelegten flußeisernen Platte von 15 bis 20 mm Stärke eingreifen.

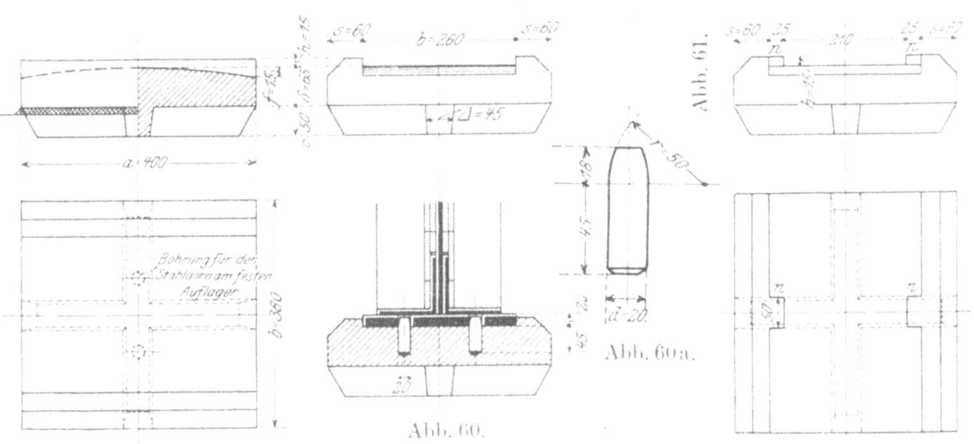

Abb. 60 u. 61. Trägerauflagerplatten.

5. **Aufgabe.** Der Stützdruck eines Blechträgers beträgt $N = 30\,100$ kg; es ist die Auflagerplatte aus Stahlformguß ($k_b = 1000$ kg/qcm) zu berechnen und zu zeichnen. Zulässige Beanspruchung des Werksteins $k_w = 20$ kg/qcm, des Mauerwerks $k_m = 7$ kg/qcm.

Auflösung. Die Auflagerplatte ist in Abb. 60 dargestellt. Mit $a_1 = 400$ mm, $b_1 = 380$ mm ergibt sich nach Gl. 16) die erforderliche Plattenstärke zu

$$\delta = \sqrt{\frac{3}{4} \cdot \frac{30\,100}{1000} \cdot \frac{40}{38}} = 5{,}0 \text{ cm};$$

Gewählt ist $\delta = 65$ mm, da die Voraussetzungen der Gl. 16 praktisch nie vollständig erfüllt sind und daher die Stärke der Platte nicht unter $^1/_6$ bis $^1/_7$ ihrer Länge betragen soll. Unter dem Blechträger ist eine flußeiserne Platte $\dfrac{260}{20}$ angeordnet, so daß die Anschlagleisten eine Breite von $\dfrac{380 - 260}{2} = 60$ mm erhalten. Der Druck auf den Werkstein berechnet sich zu

$$\sigma_w = \frac{30\,100}{40 \cdot 38} = 19{,}8 \text{ kg/qcm.}$$

Der Werkstein erhält 75 cm Länge, 60 cm Breite, daher der Druck auf das Mauerwerk

$$\sigma_m = \frac{30\,100}{75 \cdot 60} = 6{,}7 \text{ kg/qcm.}$$

4. Anschluß zweier Träger aneinander. Der Anschluß zweier Träger aneinander erfolgt unter Zuhilfenahme von Winkeleisen (Abb. 62), von denen stets eins zur Aussteifung des Stegs bzw. Stehbleches und zur gleichmäßigen Verteilung des Stützdrucks über die ganze Höhe durchzuführen ist. Zum Anschluß sind, wenn die Rechnung nicht mehr ergibt, mindestens drei Niete zu wählen.

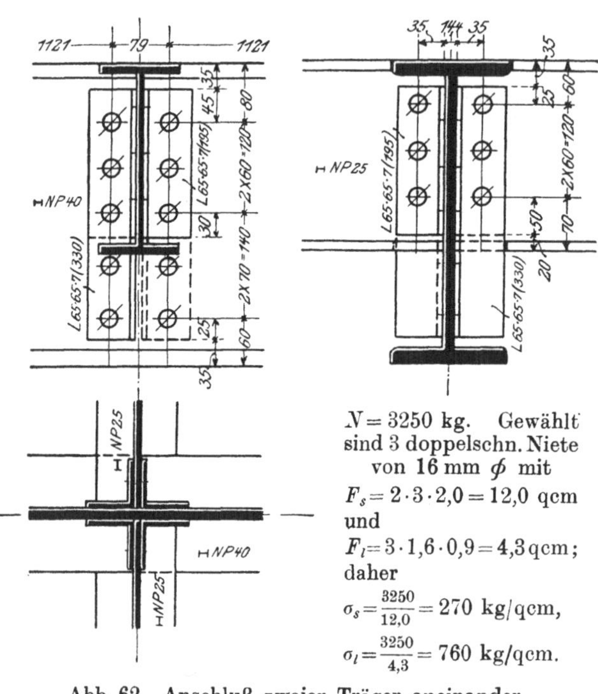

Abb. 62. Anschluß zweier Träger aneinander.

$N = 3250$ kg. Gewählt sind 3 doppelschn. Niete von **16** mm ϕ mit
$$F_s = 2 \cdot 3 \cdot 2{,}0 = 12{,}0 \text{ qcm}$$
und
$$F_l = 3 \cdot 1{,}6 \cdot 0{,}9 = 4{,}3 \text{ qcm};$$
daher
$$\sigma_s = \frac{3250}{12{,}0} = 270 \text{ kg/qcm,}$$
$$\sigma_l = \frac{3250}{4{,}3} = 760 \text{ kg/qcm.}$$

6. **Aufgabe.** Ein Deckenbalken $\vdash$ NP. 25 überträgt $N = 3250$ kg auf einen Unterzug $\vdash$ NP. 40. Es ist die erforderliche Anzahl der Anschlußniete zu berechnen.

$d = 16$ mm; $k = 1200$ kg/qcm; $k_s = 1000$ kg/qcm; daher $\nu = 1{,}2$.

Auflösung. Nach Gl. 1) wird
$$F = 3250 : 1200 = 2{,}8 \text{ qcm};$$
daher nach

Gl. 2) $F_s = 1{,}2 \cdot 2{,}8 = 3{,}4$ qcm

und nach

Gl. 6) $z_s = \dfrac{3{,}4}{2 \cdot 2{,}0} = 1$ Stück,

Gl. 7) $z_l = \dfrac{3{,}4}{2 \cdot 1{,}6 \cdot 0{,}9} = 2$ Stück,

so daß 3 Niete als Mindestzahl zu wählen sind.

Die Breite der Anschlußwinkel hätte mit 55 mm genügt, ist aber (Abb. 62) zu 65 mm gewählt, um bei der geringen Versetzung der Niete in beiden Schenkeln von nur 20 mm die Ausbildung der Nietköpfe zu ermöglichen.

IV. Säulen.

Eine Säule überträgt die in **ihrer Achse** wirkenden lotrechten Kräfte durch ihren **Druckwiderstand** auf die Auflagerpunkte.

Wirken die lotrechten Kräfte außerhalb der Säulenachse, so wird die Säule auf Druck und Biegung beansprucht. Wagerechte Kräfte (Winddruck, Brems- und Anfahrkräfte, Seitenstöße, Fliehkräfte) beanspruchen die Säule auf Biegung.

Jede Säule besteht aus **Kopf, Schaft** und **Fuß.**

Der Säulenschaft ist entweder vollwandig oder fachwerkförmig gegliedert (Pfeiler).

A. Berechnung der Säulen.

1. Berechnung des Säulenquerschnitts. Wirkt in der Achse der Säule von der Höhe h (Abb. 63) die Kraft P, so erfordert sie die Fläche

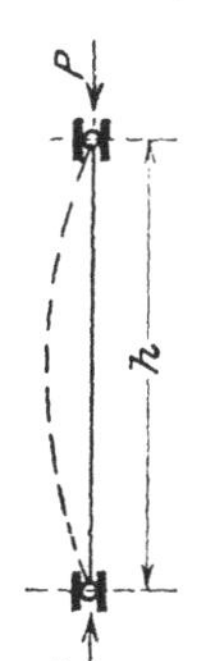

Abb. 63.

1)
$$F = \frac{P}{k}$$

und, wenn Kopf- und Fußpunkt in der Achse geführt, d. h. in der wagerechten Ebene nach allen Richtungen hin unverschieblich gelagert sind, das Trägheitsmoment

23) $\qquad J_{\min} = 0{,}5 \, \mathfrak{S} \, P_1 \, h_1{}^2$ bei Flußeisen mit der Sicherheit $\mathfrak{S} = 5$,

24) $\qquad J_{\min} = \quad \mathfrak{S} \, P_1 \, h_1{}^2$ bei Gußeisen mit der Sicherheit $\mathfrak{S} = 8$,

wobei P_1 die Säulenkraft in Tonnen, h_1 die Säulenlänge in Meter bedeutet.

Ist die Säule unten eingespannt, ihr Kopfpunkt aber nicht in der wagerechten Ebene unverschieblich gelagert (Abb. 64), so wird

$$J_{\min} = 2 \, \mathfrak{S} \, P_1 \, h_1{}^2 \text{ bei Flußeisen und } J_{\min} = 4 \, \mathfrak{S} \, P_1 \, h_1{}^2 \text{ bei Gußeisen.}$$

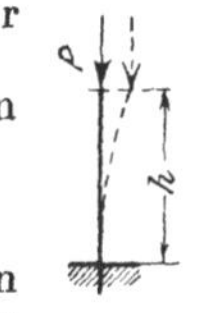

Abb. 64.

7. Aufgabe. In der Achse einer am Kopf und Fuß geführten gußeisernen Säule von $h = 3{,}0$ m Höhe wirkt die Kraft $P = 15\,000$ kg; es ist der Querschnitt zu bestimmen. $k = 500$ kg/qcm.

Auflösung. Nach Gleichung 1) wird $F = 15\,000 : 500 = 30{,}0$ qcm, nach Gleichung 16) $J_{\min} = 8 \cdot 15{,}0 \cdot 3{,}0^2 = 1080$ cm⁴, so daß der in Abb. 65 dargestellte Querschnitt mit $F = 58{,}9$ qcm und $J = 1167$ cm⁴ genügt.

Besteht bei einer flußeisernen Säule der Querschnitt aus zwei oder mehr Einzelteilen, so müssen diese Teile unter sich in gewissen Abständen λ miteinander verbunden werden, damit jeder der n gleichen Querschnittsteile für den auf ihn entfallenden Lastanteil $P : n$ knicksicher ist. Ist $i_{\min}$ das kleinste Trägheitsmoment eines Querschnittsteiles, so ergibt sich nach Gl. 23)

$$i_{\min} = \frac{\mathfrak{S}}{2} \frac{P_1}{n} \cdot \lambda_1{}^2,$$

daher die gesuchte Entfernung

25)
$$\lambda_1 = \sqrt{\frac{2 \, n \, i_{\min}}{\mathfrak{S} \, P_1}}.$$

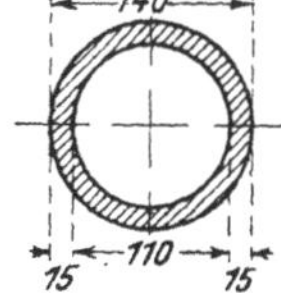

Abb. 65.

Ergibt sich $\lambda_1 > \dfrac{h_1}{3}$, so ist für die Ausführung $\lambda_1 = \dfrac{h_1}{3}$ zu wählen.

8. Aufgabe. In der Achse einer am Kopf und Fuß geführten flußeisernen Säule von $h = 5{,}2$ m Höhe wirkt die Kraft $P = 40\,000$ kg; es ist der erforderliche Querschnitt zu bestimmen. $k = 1000$ kg/qcm.

Auflösung. Nach Gl. 1) wird $F = 40\,000 : 1000 = 40{,}0$ qcm, nach Gl. 15) $J_{\min} = 2{,}5 \cdot 40{,}0 \cdot 5{,}2^2 = 2700$ cm⁴, so daß 2 $\bigsqcup$ NP. 18 (Abb. 66) mit $F = 2 \cdot 28{,}0 = 56{,}0$ qcm und $J_{\min} = 2 \cdot 1354 = 2704$ cm⁴ genügen. Mit $n = 2$ und $i_{\min} = 114$ cm⁴ ergibt sich nach Gl. 25)

$$\lambda_1 = \sqrt{\frac{2 \cdot 2 \cdot 114}{5 \cdot 40{,}0}} = 1{,}5 \text{ m,}$$

so daß die beiden $\bigsqcup$-Eisen (da $5{,}2 : 1{,}5 > 3$ ist) in den Viertelpunkten miteinander zu verbinden sind.

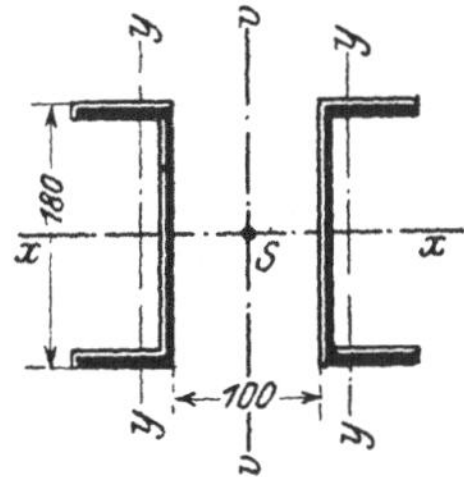

Abb. 66.

2. Berechnung der Auflagerung. Die Übertragung des Säulendrucks P in den Baugrund erfolgt in allgemeinster Weise (Abb. 67) durch Fußplatte, Werkstein und Fundamentmauerwerk (in Ziegelsteinen oder Beton). Die zur Druckübertragung jeweils erforderliche Fläche F berechnet sich nach Gl. 1), wobei für k die zulässige Beanspruchung des unterhalb F gelegenen Baustoffs einzuführen ist. Da die Abmessungen des Werksteines und des Fundamentmauerwerks (einschl. etwa aufliegender Erdlast) von vornherein nicht bekannt sind, so werden deren Gewichte vorläufig vernachlässigt und die so errechneten Flächen F entsprechend vergrößert.

9. Aufgabe. Der Druck $P = 40{,}0$ t der in Aufg. 8 berechneten Säule wird durch einen Sandstein ($k_w = 20$ kg/qcm) auf das Ziegelmauerwerk ($k_m = 7$ kg/qcm) und durch dieses in den festen Baugrund ($k_f = 2{,}5$ kg/qcm) übertragen.   Es sollen die in Abb. 67 eingetragenen Flächen F_1, F_2 und F_3 berechnet werden.

Auflösung.   Nach Gl. 1) wird $F_1 = 40\,000 : 20 = 2000$ qcm; gewählt ist eine Auflagerplatte 40×50 cm mit 2000 qcm Auflagerfläche.

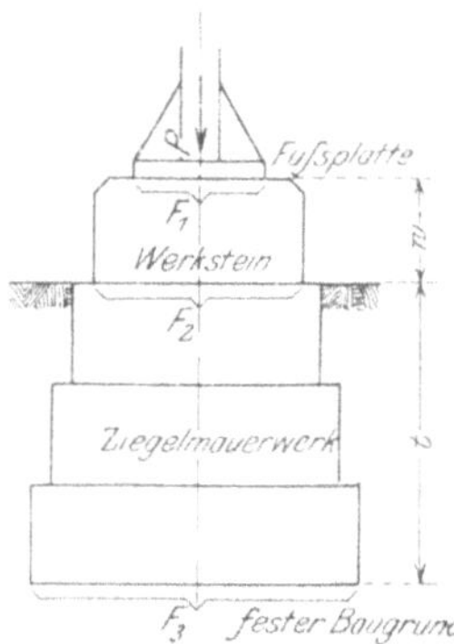

Abb. 67. Säulenauflagerung.

$F_2 = 40\,000 : 7 = 5710$ qcm; daraus ergibt sich die Seitenlänge des quadratischen Werksteins zu $\sqrt{5710} = 76$ cm; gewählt ist zur Berücksichtigung des Werksteingewichts 80 cm.

$F_3 = 40\,000 : 2{,}5 = 16\,000$ qcm; daher die Seitenlänge der quadratischen Fundamentfläche $\sqrt{16\,000} = 126$ cm; zur Berücksichtigung des Eigengewichts sind $5^{1}/_{2}$ Stein $= 26 \cdot 5{,}5 - 1 = 142$ cm gewählt.

Bei $w = 0{,}4$ m Höhe und 2400 kg/cbm Einheitsgewicht des Sandsteins, $t = 1{,}2$ m Höhe und 1800 kg/cbm Einheitsgewicht des Mauerwerks und Erdreichs ergibt sich der gesamte Druck auf den Baugrund zu

$$P_t = 40\,000 + 0{,}8^2 \cdot 0{,}4 \cdot 2400 + 1{,}42^2 \cdot 1{,}2 \cdot 1800 = \sim 45\,000 \text{ kg},$$

daher seine Beanspruchung

$$\sigma = \frac{45\,000}{142^2} = 2{,}3 \text{ kg/qcm (zul. 2,5 kg/qcm)}.$$

B. Konstruktion der Säulen.

Da die Säulen auf Druck beansprucht werden, können sie sowohl aus Guß- als auch aus Flußeisen hergestellt werden.

Soll ein Querschnitt wirtschaftlich zur Verwendung als Säule sein, so muß

  a) das Trägheitsmoment für alle Schwerachsen den gleichen Wert haben, damit die Sicherheit gegen Ausknicken nach allen Richtungen hin gleich groß ist;

  b) die Hauptmasse der Flächenteile möglichst weit vom Schwerpunkt entfernt liegen, damit bei möglichst kleinem Flächeninhalt ein möglichst großes Trägheitsmoment erzielt wird.

Die erste Forderung läßt sich für einfache Querschnitte nur bei den kreis- und quadratförmigen und den aus diesen abgeleiteten kreisring- und kreuzförmigen erfüllen, die aber andererseits wegen der Schwierigkeit des Nietens nur in wenigen Fällen zweckmäßig sind.   Man setzt daher den Säulenquerschnitt aus einzelnen Teilen derart zusammen, daß die Trägheitsmomente für die zwei zueinander senkrechten Hauptachsen wenigstens annähernd gleich groß sind.

I. Gußeiserne Säulen.

1. Querschnittsform.   Die gebräuchliche Querschnittsform ist die kreisringförmige (Abb. 68), die den oben aufgestellten Bedingungen entspricht.

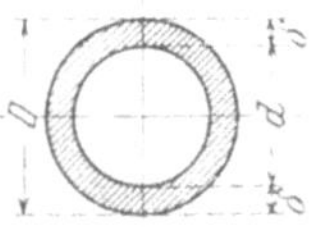

Die Säulen werden — falls nichts anderes vereinbart ist — liegend gegossen; hierbei treten teils infolge Durchbiegung des Kerns, teils infolge Auftrieb des flüssigen Eisens leicht ungleiche Wandstärken nach Abb. 69 auf. Daher bestimmen die „Normalbedingungen": Geringste Wandstärke 10 mm; zulässiger Unterschied in den Wandstärken $= 5$ mm bei Säulen bis 4 m Länge und 400 mm Durchm.; für je 1 m Mehrlänge und je 100 mm Mehrdurchmesser je 0,5 mm mehr.

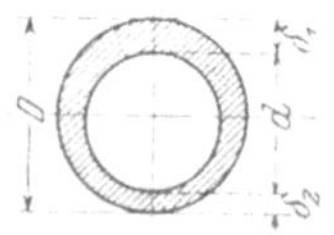

Abb. 68.   Abb. 69.

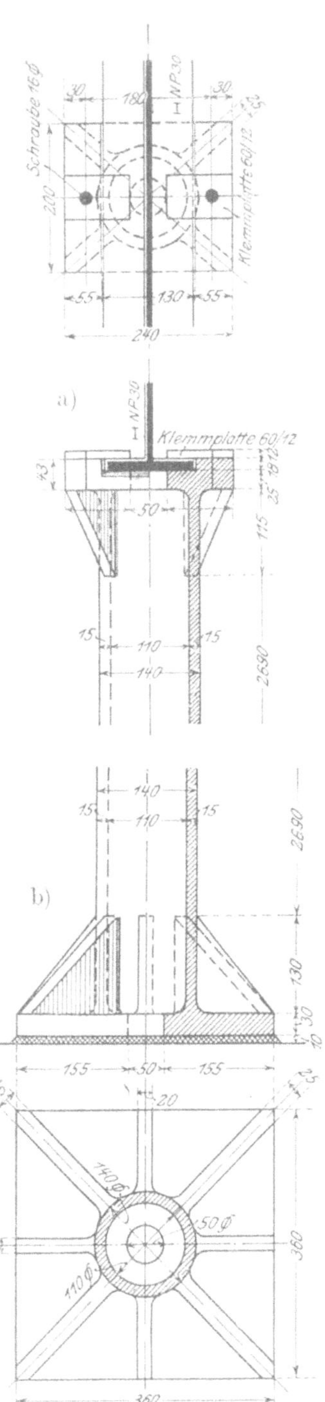

Abb. 71. Kopf- u. Fußausbildung
einer gußeisernen Säule.

Größte Gußlänge etwa 8 m; aber schon bei mehr als 4,5 bis 5,0 m Länge empfiehlt es sich, die Säule in mehreren Stücken gießen zu lassen und die einzelnen Teile nach Abb. 70 aufeinander zu pfropfen; die hierbei aufeinanderfallenden Flächen müssen entweder bearbeitet oder durch Zwischenlage eines Bleirings von 2 bis 3 mm Stärke zur vollständigen Berührung gebracht werden. Der obere Säulenteil erhält innen einen um die Wand-

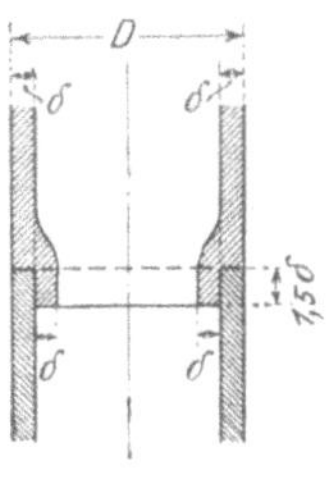

Abb. 70.
Aufpfropfen des
Säulenschafts.

stärke δ zurückgesetzten ringförmigen Wulst von etwa 1,5 δ Höhe zur Verhinderung der seitlichen Verschiebung.

2. Kopf- und Fußausbildung. Kopf und Fuß werden als quadratische oder rechteckige wagerechte Platten ausgebildet, die mit dem Schaft durch senkrechte Rippen verbunden sind.

Alle drei Teile werden nur bei kleinen Säulen in einem Stück gegossen, wie in Abb. 71 für die in Aufgabe 7 berechnete Säule dargestellt.

Der Auflagerdruck des auf der Säule ruhenden Trägers ist möglichst zentrisch, d. h. in der Schwerachse der Säule zu übertragen, um in dieser Biegungsspannungen zu vermeiden. Geht die Säule durch mehrere Geschosse durch, so muß man sich meist damit begnügen, den Auflagerdruck möglichst nahe der Säulenachse zu übertragen; die durch den exzentrischen Lastangriff entstehenden Biegungsmomente müssen dann bei der Querschnittsbestimmung in Rechnung gestellt werden.

Da Kopf- und Fußplatte auf Biegung beansprucht sind, daher eine größere Stärke als der auf Druck beanspruchte Schaft erhalten müssen, so treten an den Übergangsstellen von Kopf und Fuß zum Schaft infolge der ungleichen Dicken und der dadurch hervorgerufenen ungleichmäßigen Abkühlung innere Gußspannungen auf, die (z. B. beim Verladen oder bei der Montage) leicht den Bruch der Säule herbeiführen. Daher wird bei größeren Säulen jeder der drei Teile: Kopf, Schaft und Fuß gesondert gegossen, um bei jedem Teil annähernd überall dieselbe Wandstärke durchführen zu können; die einzelnen Teile werden nach Abb. 70 aufeinandergepfropft. Das Beispiel eines Säulenfußes in Abb. 72 läßt auch den Vorteil der einfacheren Montage und des leichteren Vergießens der Fußplatten erkennen.

Zwischen Fußplatte und Auflagermauerwerk wird zur Erzielung einer gleichmäßigen Druckübertragung eine Bleiplatte von 5 bis 6 mm oder eine Zementschicht von 10 bis 20 mm Stärke angeordnet.

II. Flußeiserne Säulen.

Ihre Vorzüge sind: große Auswahl in der Querschnittsform; große Baulängen; einfache Stoßverbindungen durch Nieten oder Schrauben; einfacher Anschluß anderer Konstruktionsteile (Träger, Rohr-, Wellenleitungen); vor allem endlich die Möglichkeit, große Biegungsmomente aufzunehmen. Treten solche Momente, sei es infolge exzentrischen Angriffs der lotrechten Lasten oder infolge wagerechter Kräfte auf, so sind für die Ausbildung der Säulen die Regeln des Abschnitts III über die Träger maßgebend.

1. Querschnittsform. a) Der kreisring-förmige Querschnitt, gebildet aus geschweißten Rohren oder Quadranteisen (Abbildungen 73a und b), findet wegen des schwierigen Anschlusses anderer Konstruktionsteile nur noch sehr selten Anwendung.

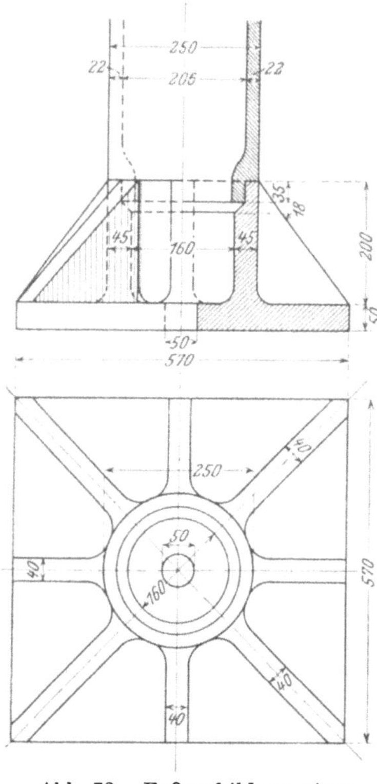

Abb. 72. Fußausbildung einer Gußsäule.

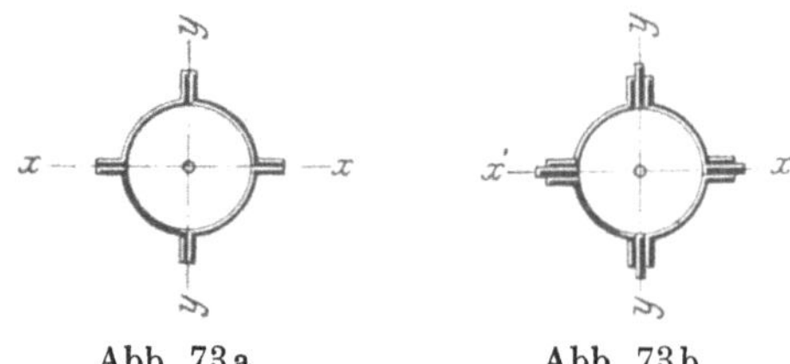

Abb. 73a.   Abb. 73b.

b) Der aus Profileisen zusammengesetzte Querschnitt ist der gebräuchlichste. Der Abstand der Profileisen ist dabei so zu wählen, daß die Trägheitsmomente für die beiden Hauptschwerachsen gleich groß werden.

10. Aufgabe. Wie groß muß der Lichtabstand i der beiden ⌴ NP. 18 der Aufgabe 8 sein, damit die Trägheitsmomente I_x und I_v (Abb. 66) gleich groß werden?

Auflösung. Es ist $I_x = 2 \cdot 1354$ cm⁴, $I_y = 2 \cdot 114$ cm⁴, daher, wenn e den Abstand der Achsen $y-y$ und $v-v$ bedeutet: $I_v = 2\,(I_y + 28{,}0 \cdot e^2)$; da $I_v = 2 \cdot 1354$ cm⁴ sein soll, folgt

$$e^2 = \frac{1354 - 114}{28{,}0} = 44{,}3 \,,$$

daher $e = 6{,}67$ cm. Da die Achse $y-y$ um $x_0 = 1{,}92$ cm von der Stegkante des ⌴-Eisens liegt, ergibt sich der gesuchte Lichtabstand zu

$$i = 2\,(6{,}67 - 1{,}92) = 9{,}5 \text{ cm}.$$

$\alpha)$ Für kleinere lotrechte Lasten wählt man zwei über Kreuz gestellte Winkeleisen (Abb. 74a). Eine Vergrößerung der Querschnittsfläche wird durch Verdoppelung (Abb. 74b, wegen der engen Zwischenräume und der damit verbundenen Rostgefahr nicht im Freien zu verwenden) oder durch Einlage von Flacheisen (Abb. 74c) erzielt.

Eine Vergrößerung des Trägheitsmoments wird durch Auseinanderrücken der Winkeleisen nach Abb. 74d oder e erzielt; letzterer Querschnitt ist der bei Masten (für elektrische Bahnen, Beleuchtung, Seilbahnen) gebräuchlichste.

β) Für größere lotrechte Lasten wählt man den aus ⌴-, ⊢⊣- oder Z-Eisen zusammengesetzten Querschnitt (Abb. 75a bis d).

Eine Vergrößerung der Querschnittsfläche wird durch Zwischenlage von ⊢⊣·Eisen (Abb. 75e) oder ⌴-Eisen (oft noch mit Flacheisen, wie in Abb. 75f) erreicht.

Eine Vergrößerung des Trägheitsmoments wird durch Anordnung von Lamellen nach Abb. 75g bis h erzielt.

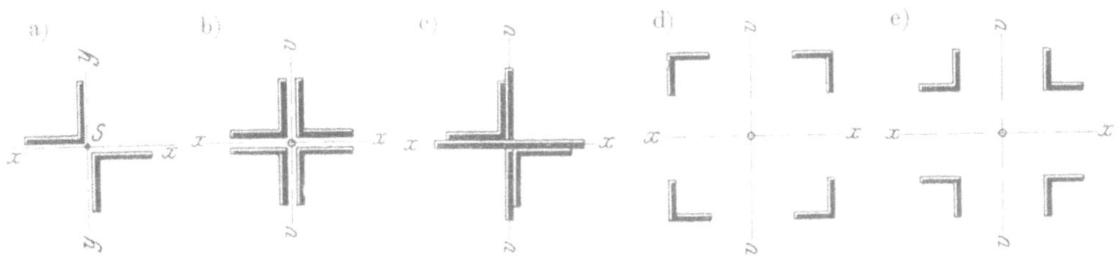

Abb. 74. Säulenquerschnitte.

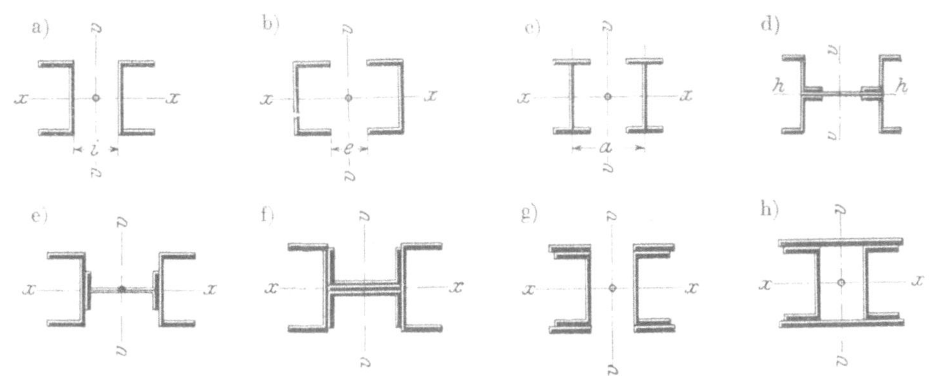

Abb. 75. Säulenquerschnitte.

γ) Ist die Säule dem Angriff größerer Biegungsmomente ausgesetzt, so wird ihr Querschnitt rechtwinklig zur neutralen Achse auseinandergezogen; die Abb. 76a bis e zeigen einige der gebräuchlichsten Anordnungen.

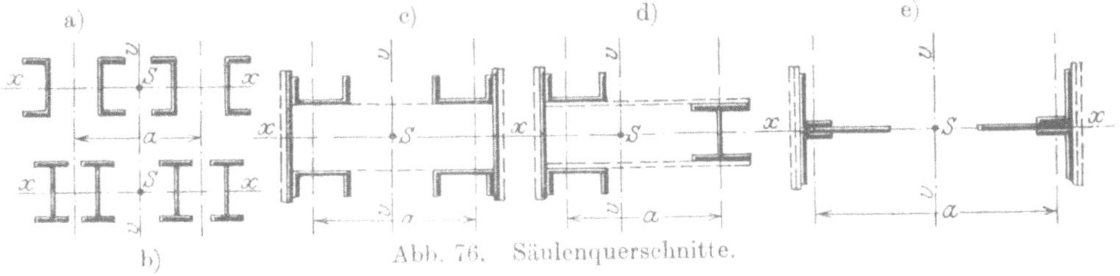

Abb. 76. Säulenquerschnitte.

In allen Fällen müssen die nebeneinanderliegenden (nicht durchlaufend miteinander vernieteten) Teile ein und desselben Querschnitts in den nach Gl. 25) berechneten Entfernungen λ, mindestens aber in den Drittelpunkten miteinander verbunden werden, entweder mittels einzelner Bindbleche mit mindestens 2, besser 3 Anschlußnieten an jedem Querschnittsteil (Abb. 78b)

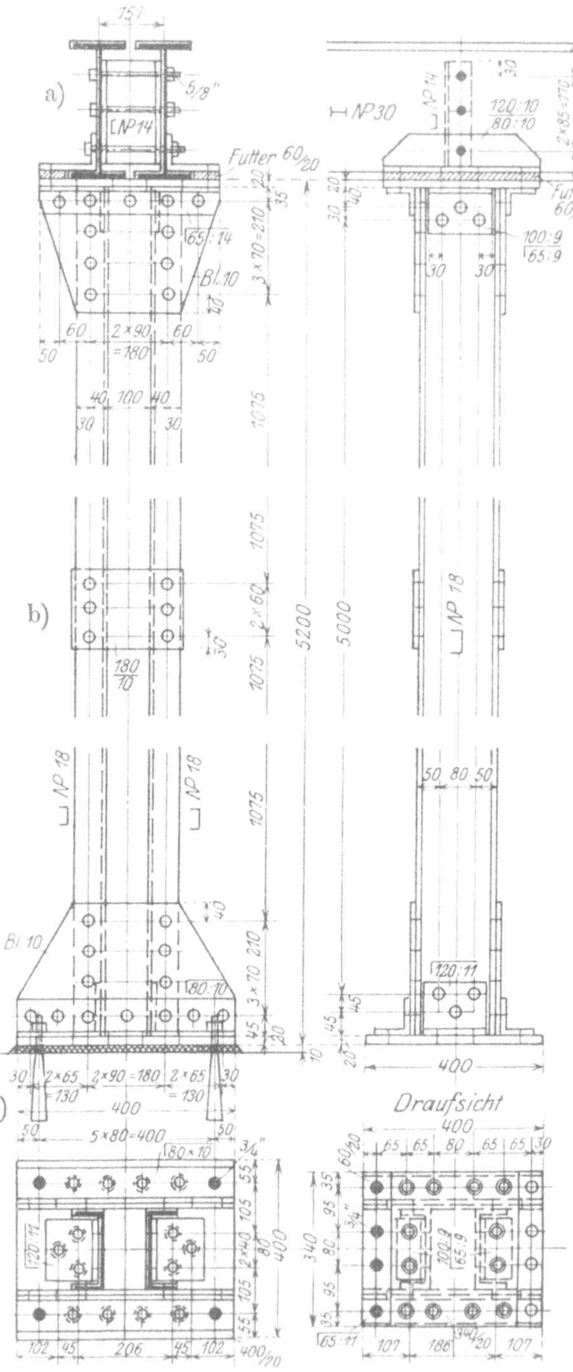

Abb. 78. Kopf-, Schaft- u. Fußausbildung einer flußeis. Säule.

oder bei Einwirkung größerer wagerechter Kräfte mittels einer durchlaufenden Vergitterung (Abb. 77).

Abb. 77 stellt ein häufig vorkommendes Beispiel einer Maschinenhalle dar. Jede Säule besteht aus zwei Teilen, von denen der äußere (die Bindersäule) die Dachbinder, der innere (die Kransäule) die Kranlaufbahn trägt. Jede Säule stellt sich als ein Fachwerkträger auf 2 Stützen von der Spannweite e dar, der mit den von der Kranbez. Dachkonstruktion herrührenden lotrechten und wagerechten Kräften belastet ist; letztere können dabei wegen der festen Verbindung der Säulenköpfe durch die Binder annähernd zu gleichen Teilen auf die beiden Säulen verteilt werden.

2. Kopf- und Fußausbildung. Kopf und Fuß der Säulen werden aus wagerechten (15 bis 30 mm starken) und lotrechten (10 bis 14 mm starken) Blechen gebildet, die unter sich und mit dem Säulenschaft durch Winkeleisen verbunden sind (Abb. 78a und c). Die Breite der Fußplatte bestimmt sich aus der Forderung, daß sie über den Winkelkanten höchstens um das Doppelte ihrer Stärke vorstehen soll. Die Höhe der lotrechten Bleche ergibt sich durch die Bedingung, daß in den an sie unmittelbar angeschlossenen Säulenteilen mindestens so viel Niete angeordnet sein müssen, wie der in ihnen wirkenden Kraft entspricht. Zwischen Fußplatte und Auflagermauerwerk wird zur Erzielung einer

gleichmäßigen Druckübertragung eine Bleiplatte von 5 bis 6 mm oder eine Zementschicht von 10 bis 20 mm Stärke angeordnet.

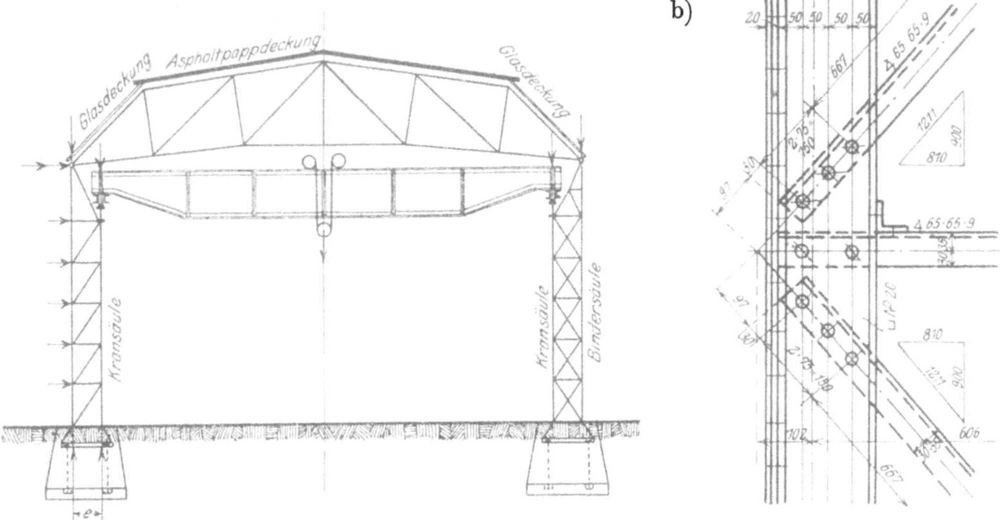

Abb. 77. Hallenquerschnitt.

V. Verwendung des Eisens zu Decken.

A. Decken mit eisernen Trägern und Holzfüllung.

Bei hölzernen Decken werden die Unterzüge häufig aus Eisen gebildet, wegen der größeren Tragfähigkeit und der dadurch ermöglichten geringeren Konstruktionshöhe des Eisens sowie wegen seiner Unempfindlichkeit gegen Fäulnis und Schwamm. Um ein seitliches Ausbiegen des gedrückten Flansches des Unterzugs zu vermeiden, werden die Holzbalken entweder 2 bis 3 cm tief eingekämmt (Abb. 79) oder durch Winkeleisen mit dem Unterzug verbunden; letzteres ist Regel beim Stoß der Holzbalken (Abb. 80).

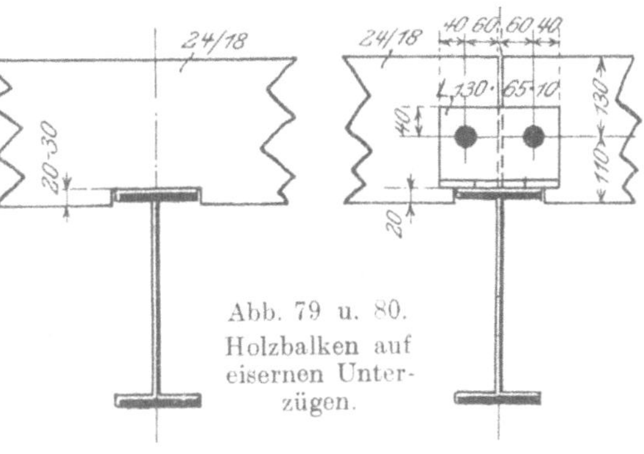

Abb. 79 u. 80. Holzbalken auf eisernen Unterzügen.

Ist die Gefahr der Schweißwasserbildung am Eisen vorhanden, so wird in den Berührungsflächen zwischen Holz und Eisen ein Asphaltpappstreifen eingelegt.

B. Decken mit eisernen Trägern und Steinfüllung.

Sie sind die für Fabrikbauten wichtigsten.

1. Gewölbte Füllung: Abb. 17 bis 19, bei Fabrikbauten wegen der besseren Verarbeitung der durch die Maschinen erzeugten Stöße und Erschütterungen stets aus Beton ohne oder mit Eiseneinlagen hergestellt.

2. Ebene Füllung, bei Fabrikdecken aus den eben angeführten Gründen stets aus Beton.

Abb. 81 hat den Vorteil des allseitigen Schutzes der eisernen Träger gegen den Angriff der Flammen, aber den Nachteil eines großen Eigengewichts; sie gehört ihrer statischen Wirkung nach (wie gestrichelt angedeutet) zu den Gewölben.

Abb. 82 eignet sich für große Lasten und starke Erschütterungen; die Betonplatte selbst wirkt als Eisenbetonträger; die in 0,25 bis 0,33 m Entfernung angeordneten ⊢-Eisen nehmen die bei der Biegung entstehenden Zugspannungen auf.

In Abb. 83 und 84 besteht die Füllung aus einer Eisenbetonplatte, die auf den unteren bzw. oberen Flanschen der ⊢-Eisen aufruht.

In Fig. 84 bildet die Eisenbetonplatte einen über mehrere Felder durchlaufenden (kontinuierlichen) Träger, bei dem über den Stützpunkten (d. s. hier die ⊢-Eisen) negative Momente auftreten, die dort in den oberen Fasern Zugspannungen hervorrufen; daher auch die allmähliche Überführung der Eiseneinlagen von der Plattenunterkante (in Feldmitte) zur Oberkante (über den Trägern). Treten größere bewegliche Lasten auf, so werden 2 Eiseneinlagen (vgl. Abb. 85) eingelegt.

Eine wesentliche Verstärkung der Tragfähigkeit erzielt man durch Anordnung von Vouten, d. h. dadurch, daß man den Beton nach Abb. 85 voutenförmig bis auf die unteren Trägerflansche hinunterführt; die Eiseneinlagen werden dem Vorzeichenwechsel der Biegungsmomente entsprechend geführt.

Abb. 81 bis 84. Dekenfüllungen in Beton bzw. Eisenbeton.

Die Wirkung der Vouten besteht darin, daß sie die Träger und die Eisenbetonplatte an der freien Drehung hindern, d. h. diese Platte an den Stützpunkten einspannen. Die infolge dieser Einspannung erzeugte Momentenfläche ist für gleichförmig verteilte Last in Abb. 85 b dargestellt; in Feldmitte wird

$$M = + \frac{Qb}{24},$$

über den Stützpunkten

$$M = -\frac{Qb}{12}.$$

Will man an beiden Stellen mit derselben Fläche f_e der Eiseneinlagen auskommen, so muß die Plattenstärke an den Trägern mindestens doppelt so groß sein wie in Feldmitte.

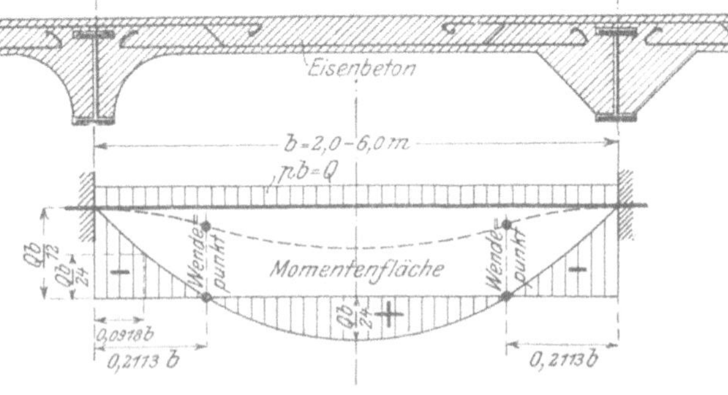

Abb. 85 a u. b.

Da eine vollkommene Einspannung, wie sie Abb. 85 b voraussetzt, praktisch niemals erreichbar ist, so empfiehlt es sich, die sonst als zulässig geltenden Beanspruchungen hier um 10 bis 15 % zu erniedrigen.

C. Decken mit eisernen Trägern und Eisenfüllung.

Die Eisenfüllung kann gebildet werden durch:

1. Riffelblech: 6 bis 8 bis 10 mm stark, nur bei enger Teilung b der Deckenbalken und geringer Nutzlast (Abdeckung von Laufstegen an Kranen, Brücken, Maschinenanlagen, Treppenstufen) verwendbar.

2. Wellblech, eben oder **gebogen** (bombiert) findet bei Fabrikdecken kaum noch Verwendung.

3. Tonnen- und Buckelbleche (Abb. 86), nur bei schweren Lasten (z. B. unter Hofdurchfahrten).

4. Belageisen, ebenfalls nur bei nur schweren Lasten; sie werden zur Ersparnis an Eisen mit Zwischenräumen (z in Abb. 87) verlegt, die entweder durch Ziegelsteine (bei Sandauffüllung, Abb. 87 links) oder durch den Füllbeton selbst (Abb. 87 rechts) überdeckt werden.

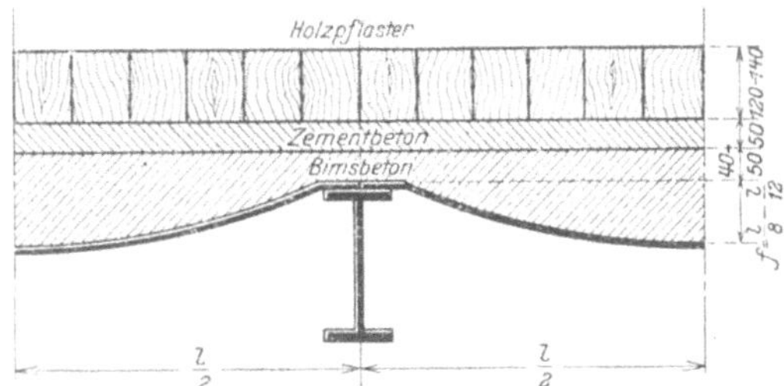

Abb. 86. Buckelblechbelag.

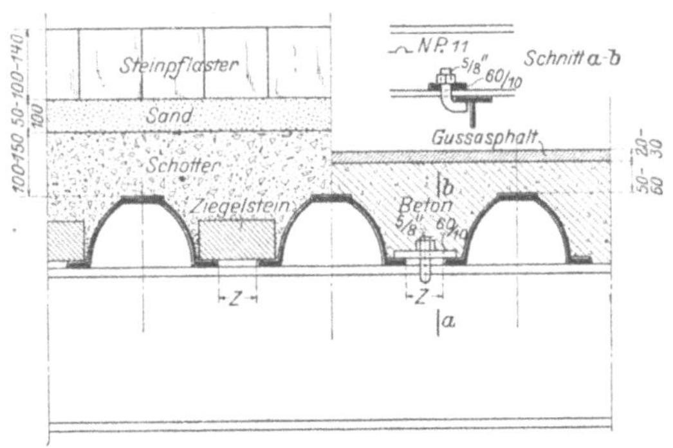

Abb. 87. Zoreseisenbelag.

VI. Berechnung von Fachwerkträgern.

Unter einem Fachwerk versteht man ein derart aus lauter Dreiecken zusammengesetztes Gebilde, daß jedes folgende Dreieck mit dem vorhergehenden zwei Ecken, also eine Seite gemeinsam hat. Die Ecken heißen die **Knotenpunkte,** die Dreieckseiten aber die **Stäbe** des Fachwerks, und zwar die den Umfang bildenden die **Gurtstäbe** oder **Gurtungen** (Obergurt — Untergurt), die übrigen die **Zwischen-** oder **Füllungsstäbe** (Diagonalen, Schrägstäbe oder Streben — Senkrechte, Vertikale, Pfosten oder Ständer).

Lagert man ein solches Fachwerk in zwei oder mehreren Knotenpunkten auf, so erhält man einen **Fachwerkträger,** dessen wichtigste Formen sind:

a) **Parallel- und Trapezträger** (Abb. 88 bis 90): mit parallelen, meist wagerecht liegenden Gurtungen.

b) **Dreieck- oder Binderträger** (Abb. 91 bis 101): in ihrem äußeren Umriß den verschiedenen Dachformen (Sattel-, Pult-, Shed-, Mansarden-, Kniestockdach) entsprechend.

c) **Parabelträger** (Abb. 102 bis 105): die Knotenpunkte einer oder auch beider Gurtungen liegen auf einer Kurve (Kreis, Parabel, Ellipse).

Bei der Berechnung eines Fachwerkträgers wird vorausgesetzt, daß: a) die äußeren Lasten (einschl. der Stützdrücke) nur in den Knotenpunkten angreifen; b) die einzelnen Stäbe in den Knotenpunkten mit reibungslosen Gelenken (entsprechend der Abb. 39) angeschlossen sind.

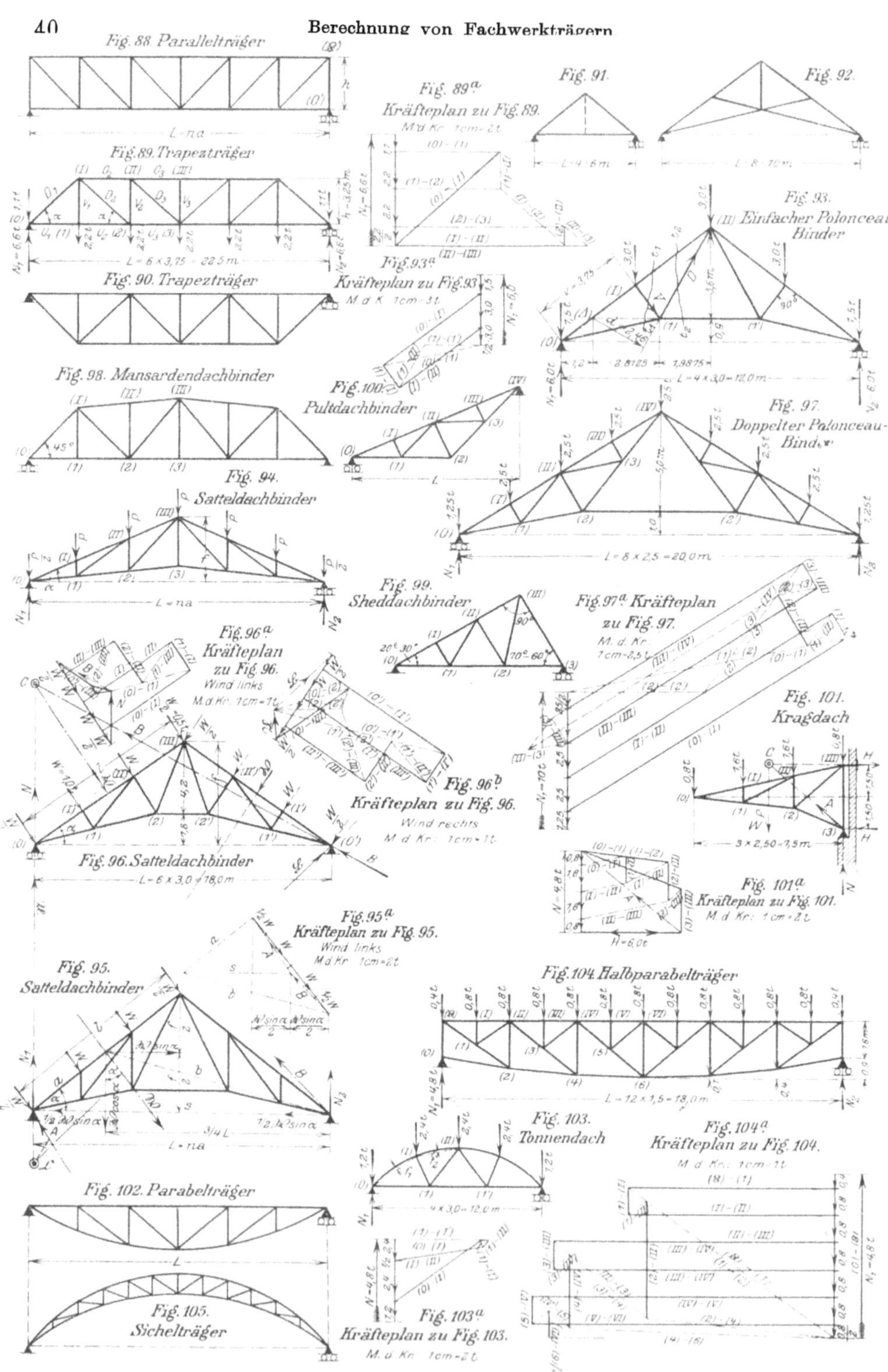

Abb. 88 bis 105.   Fachwerkträger und Kräftepläne.

Führt man durch einen Fachwerkträger, dessen Belastung wir vorläufig lotrecht annehmen, nach Bestimmung der Stützdrücke einen beliebigen Schnitt tt, der drei Stäbe durchschneidet (Abb. 106), und denkt sich den einen Teil, z. B. den rechten, entfernt, so muß man an dem übriggebliebenen linken Teil zur Herstellung des Gleichgewichts an den drei Schnittstellen diejenigen Wirkungen hinzufügen, die der entfernte rechte Teil früher auf den linken ausübte (Abb. 106a). Diese Wirkungen bestehen in drei mit den durchschnittenen Stabachsen zusammenfallenden Kräften, den drei Stabkräften (Spannkräften) O, D, U, deren Pfeilrichtung vorläufig als vom Schnitt weggehend (entsprechend Zugkräften) angenommen wird. Diese drei Kräfte müssen mit den Stabachsen zusammenfallen, weil sie sonst die durchschnittenen Stäbe um ihre als reibungslose Gelenke vorausgesetzten Endpunkte drehen, also das Gleichgewicht stören würden; dieselbe Störung tritt ein, wenn man an den Schnittstellen Momente anbringen würde. Es ergibt sich daraus:

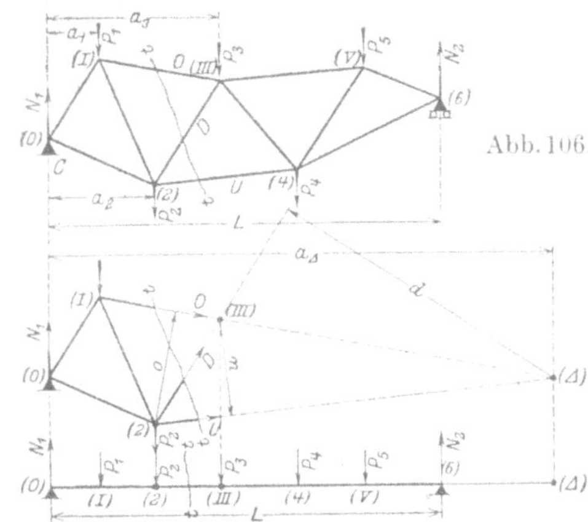

Abb. 106.

Abb. 106a.

Abb. 106b.

Bei einem nur in den Knotenpunkten belasteten Fachwerkträger treten in den einzelnen Stäben entweder nur Zug- oder nur Druckkräfte, niemals aber Biegungsmomente auf. Hierin liegt das wesentliche Kennzeichen eines Fachwerkträgers gegenüber einem vollwandigen Träger.

Zur Berechnung der drei Stabkräfte O, D, U stehen die drei Gleichgewichtsbedingungen $\Sigma V = 0$, $\Sigma H = 0$, $\Sigma M = 0$ zur Verfügung.

A. Rechnerische Bestimmung der Stabkräfte:

Rittersches Momentenverfahren.

Zur Bestimmung einer der drei Stabkräfte wählt man den Schnittpunkt der beiden anderen als Drehpunkt und wendet die Bedingung $\Sigma M = 0$ an. Ergibt sich für die betreffende Stabkraft ein positives Vorzeichen, so ist sie (wie in Abb. 106a vorausgesetzt) wirklich eine Zugkraft; ergibt sich aber ein negatives Vorzeichen, so ist die in Abb. 106a angenommene Pfeilrichtung falsch; sie muß auf den Schnitt tt zu gehen, d. h. die Stabkraft ist eine Druckkraft.

Für die Stäbe O und U sind die Knotenpunkte (2) und (III), für Stab D der Schnittpunkt ($\triangle$) von O und U (Abb. 106a) die zugehörigen Drehpunkte; sind o, u, d die zugehörigen Hebelarme, so folgt aus der Bedingung $\Sigma M = 0$:

für (2) als Drehpunkt:

$$+ N_1 a_2 - P_1 (a_2 - a_1) + O o = 0, \quad \text{daher} \quad O = - \frac{1}{o} [N_1 a_2 - P_1 (a_2 - a_1)];$$

für (III) als Drehpunkt:

$$+ N_1 a_3 - P_1 (a_3 - a_1) - P_2 (a_3 - a_2) - U u = 0,$$

daher

$$U = + \frac{1}{u} [N_1 a_3 - P_1 (a_3 - a_1) - P_2 (a_3 - a_2)];$$

für ($\triangle$) als Drehpunkt:

$$+ N_1 a_\triangle - P_1 (a_\triangle - a_1) - P_2 (a_\triangle - a_2) + D d = 0,$$

daher

$$D = - \frac{1}{d} [N_1 a_\triangle - P_1 (a_\triangle - a_1) - P_2 (a_\triangle - a_2)].$$

Die Ausdrücke in den eckigen Klammern können als die Biegungsmomente in den Punkten (2), (III) und ($\triangle$) eines mit den Kräften des Fachwerkträgers belasteten geraden Balkens von derselben Spannweite L (Abb. 106b), hervorgerufen durch die am abgeschnittenen Balkenteil angreifenden Kräfte N_1, P_1 und P_2 angesehen werden; sie heißen die zugehörigen Knotenpunktsmomente M_0, M_u, M_d; man hat daher kurz geschrieben:

26)   a) $O = - \dfrac{M_0}{o}$.   b) $U = + \dfrac{M_u}{u}$.   c) $D = - \dfrac{M_d}{d}$.

11. **Aufgabe.** Es sollen die Stabkräfte des in Abb. 89 dargestellten, in den unteren Knotenpunkten mit je 2,2 t belasteten Trapezträgers berechnet werden.

Auflösung. Die Stützdrücke berechnen sich zu $N_1 = N_2 = 6{,}6$ t. Da Form und Belastung des Trägers zur Mitte symmetrisch sind, werden auch die Stabkräfte zur Mitte symmetrisch.

Schnitt $t_1 t_1$ (Abb. 107a). Für (I) als Drehpunkt ergibt $\Sigma M = 0$:
$$+ (6{,}6 - 1{,}1)\,3{,}75 - U_1 \cdot 3{,}25 = 0; \quad \text{daher} \quad \underline{U_1 = + 6{,}4 \text{ t.}}$$

Zerlegt man D_1 in $D_1 \sin \alpha$ und $D_1 \cos \alpha$, so ergibt sich aus $\Sigma V = 0$:
$$+ 6{,}6 - 1{,}1 + D_1 \sin \alpha = 0; \quad \text{daher} \quad D_1 = - \frac{1}{\sin \alpha}(6{,}6 - 1{,}1)$$

oder mit
$$\frac{1}{\sin \alpha} = \frac{4{,}962}{3{,}25} = 1{,}53 : \quad \underline{D_1 = - 8{,}4 \text{ t.}}$$

Schnitt $t_2 t_2$ (Abb. 107b). Aus $\Sigma V = 0$ folgt $+ 2{,}2 - V_1 = 0$;
daher
$$\underline{V_1 = + 2{,}2 \text{ t.}}$$

Aus $\Sigma H = 0$ folgt $+ U_2 - U_1 = 0$; daher $U_2 = U_1$ oder $\underline{U_2 = + 6{,}4 \text{ t.}}$

Schnitt $t_3 t_3$ (Abb. 107c). Für (2) als Drehpunkt ergibt $\Sigma M = 0$:
$$+ (6{,}6 - 1{,}1)\,7{,}5 - 2{,}2 \cdot 3{,}75 + O_2 \cdot 3{,}25 = 0;$$
daher
$$\underline{O_2 = - 10{,}2 \text{ t.}}$$

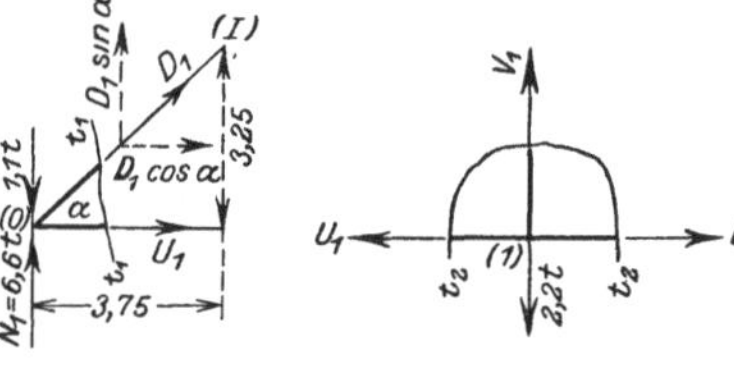

Abb. 107a.   Abb. 107b. 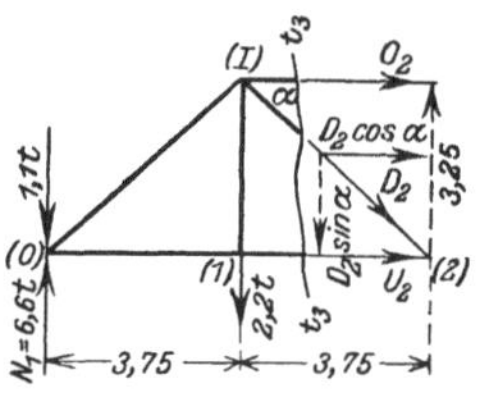   Abb. 107c.

Zerlegt man D_2 in $D_2 \sin \alpha$ und $D_2 \cos \alpha$, so ergibt sich aus $\Sigma V = 0$:
$$+ 6{,}6 - 1{,}1 - 2{,}2 - D_2 \sin \alpha = 0;$$
daher $D_2 = + \dfrac{3{,}3}{\sin \alpha}$ oder $\underline{D_2 = + 5{,}0 \text{ t.}}$

Schnitt $t_4 t_4$ (Abb. 107d). Für (II) als Drehpunkt ergibt $\Sigma M = 0$:
$$+ (6{,}6 - 1{,}1)\,7{,}5 - 2{,}2 \cdot 3{,}75 - U_3 \cdot 3{,}25 = 0; \quad \text{daher} \quad \underline{U_3 = + 10{,}2 \text{ t.}}$$

Aus $\Sigma V = 0$ folgt:
$$+ 6{,}6 - 1{,}1 - 2 \cdot 2{,}2 + V_2 = 0; \quad \text{daher} \quad \underline{V_2 = - 1{,}1 \text{ t.}}$$

Schnitt $t_5 t_5$ (Abb. 107e). Für (3) als Drehpunkt ergibt $\Sigma M = 0$:
$$+ (6{,}6 - 1{,}1)\,11{,}25 - 2{,}2\,(3{,}75 + 7{,}5) + O_3 \cdot 3{,}25 = 0; \quad \text{daher} \quad \underline{O_3 = - 11{,}5 \text{ t}}$$

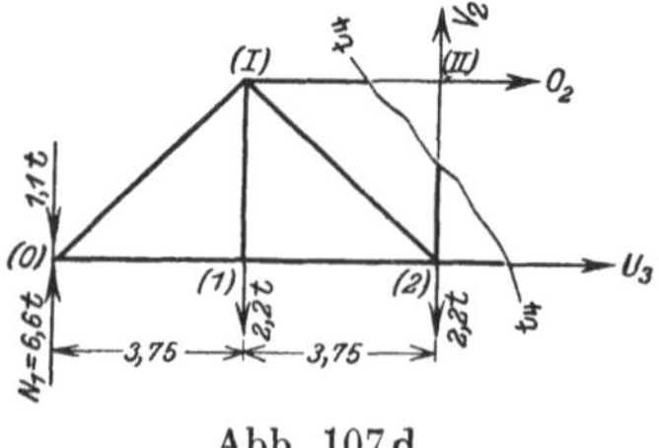

Abb. 107d.   Abb. 107e.

Zerlegt man D_3 in $D_3 \sin \alpha$ und $D_3 \cos \alpha$, so ergibt sich aus $\Sigma V = 0$:
$$+ 6{,}6 - 1{,}1 - 2 \cdot 2{,}2 - D_3 \sin \alpha = 0;$$
daher $D_3 = + \dfrac{1{,}1}{\sin \alpha}$ oder $\underline{D_3 = + 1{,}7 \text{ t.}}$

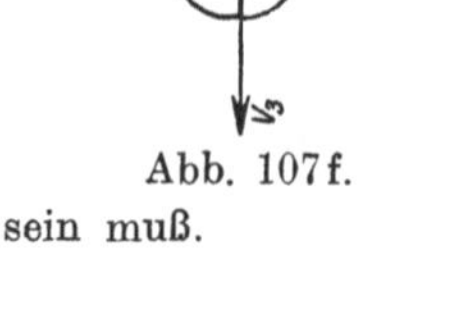

Schnitt $t_6 t_6$ (Abb. 107f). Aus $\Sigma V = 0$ folgt:
$$+ V_3 = 0; \quad \text{daher} \quad \underline{V_3 = 0.}$$

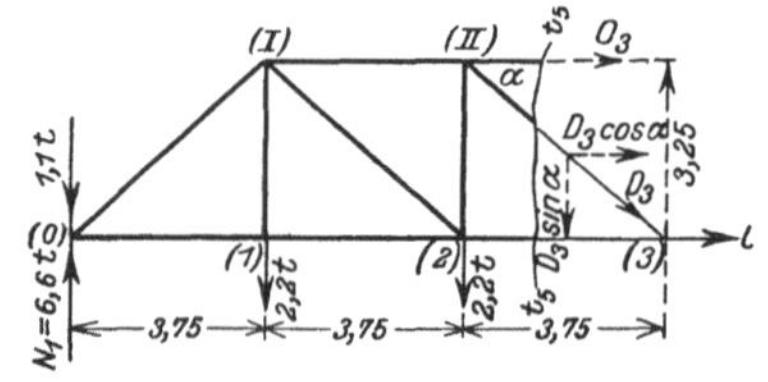

Abb. 107f.

Aus $\Sigma H = 0$ folgt $O_3' = O_3$, wie es der Symmetrie wegen sein muß.

Größt- und Kleinstwerte der Stabkräfte. 1. *Die Gurtstäbe.* Die zugehörigen Drehpunkte fallen stets in die Knotenpunkte des Fachwerkträgers selbst. Da aber für jeden dieser Knotenpunkte bei einem Träger auf zwei Stützen das Biegungsmoment stets positiv, bei einem einseitig eingespannten Träger das Biegungsmoment stets negativ ist, so folgt aus den Gl. 26 a) und b) die Regel:

Bei einem Träger auf zwei Stützen ist der Obergurt stets gedrückt, der Untergurt stets gezogen; bei einem einseitig eingespannten Träger ist der Obergurt stets gezogen, der Untergurt stets gedrückt.

Bei beiden Trägerarten werden aber die Biegungsmomente um so größer, je größer die Belastung ist; daher folgt die weitere Regel:

Die Stabkräfte in den Gurtungen nehmen bei Vollbelastung des Fachwerkträgers ihre größten Werte an.

Um für irgendeinen Gurtstab das größte zugehörige Knotenpunktsmoment M zu finden, berechnet man zunächst das größte Moment M_{max} in Trägermitte und aus diesem mit Hilfe der Kurve der größten Momente (Abb. 42) oder der Zahlentafel I (S. 24) die Momente M_x für die einzelnen Knotenpunkte.

12. Aufgabe. Die Verkehrslast für den in Abb. 89 dargestellten Trapezträger beträgt für jeden unteren Knotenpunkt je 2 t; es sind die Stabkräfte in den Gurtungen zu berechnen.

Auflösung. Für Trägermitte (Knotenpunkt 3) ergibt sich nach Abb. 108:

$$M_{max} = (6,0 - 1,0)\,11,25 - 2,0\,(3,75 + 7,5) = 33,75 \text{ mt};$$

daher für

Knotenpunkt (I):

$$\frac{x}{L} = \frac{1}{6} = 0,167;$$

$$M_{(I)} = (0,595 + 0,007 \cdot 2,80)\,33,75 = 20,74 \text{ mt};$$

$$\underline{U_1 = U_2 = +\frac{20,74}{3,25} = +6,4 \text{ t}.}$$

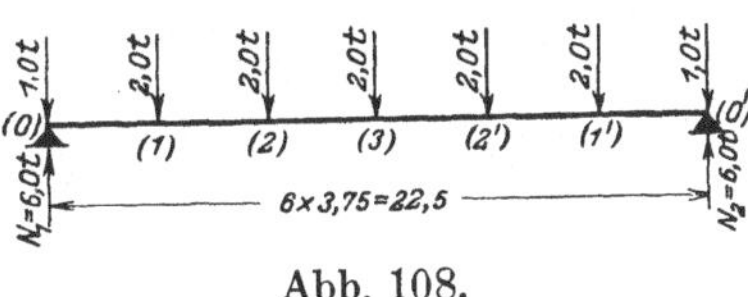

Abb. 108.

Knotenpunkt (2) und (II):

$$\frac{x}{L} = \frac{1}{3} = 0,333; \quad M_{(II)} = (0,926 + 0,013 \cdot 1,10)\,33,7 = 31,74 \text{ mt};$$

$$\underline{U_3 = +\frac{31,74}{3,25} = +9,8 \text{ t}.} \qquad \underline{O_2 = -\frac{31,74}{3,25} = -9,8 \text{ t}.}$$

Knotenpunkt (3):

$$\frac{x}{L} = \frac{1}{2} = 0,500; \quad M_{(3)} = M_{max} = 33,75 \text{ mt}; \quad \underline{O_3 = -\frac{33,75}{3,35} = -10,4 \text{ t}.}$$

2. *Die Füllungsstäbe.* **a)** Fällt der zugehörige Drehpunkt ($\triangle$) auf eine Stabachse oder in einen Knotenpunkt, so tritt wie bei den Gurtstäben die größte Stabkraft bei Vollbelastung auf.

13. Aufgabe. Es sind die Stabkräfte D und V des in Abb. 93 dargestellten Polonceaubinders zu berechnen. Knotenlast 3,0 t.

Auflösung. Aus den Schnitten $t_1\,t_1$ und $t_2\,t_2$ erkennt man, daß der zugehörige Drehpunkt für V im Auflagerpunkt (0), für D in ($\triangle$) auf der Stabachse (0) — (I) liegt; daher treten in beiden Stäben die größten Spannkräfte bei Vollbelastung auf.

Aus $\varSigma M = 0$ folgt
für (0) als Drehpunkt: $+3,0 \cdot 3,0 + V \cdot 3,75 = 0$; daher $V = -2,4 \text{ t}$;
für ($\triangle$) als Drehpunkt: $+(6,0 - 1,5)\,1,2 + 3,0 \cdot 1,8 - D \cdot 2,46 = 0$; daher $D = +4,4 \text{ t}$.

b) Liegt der zugehörige Drehpunkt ($\triangle$) wie in Abb. 106a außerhalb des Fachwerkträgers, so kann das zugehörige Knotenpunktsmoment

$$M_d = +N_1 a_\triangle - [P_1\,(a_\triangle - a_1) + P_2\,(a_\triangle - a_2)]$$

sowohl positiv als auch negativ, daher D nach Gl. 26c) sowohl eine Druck- als auch eine Zugkraft sein, je nachdem das positive Glied $+N_1 a_\triangle$ oder das negative Glied $[P_1\,(a_\triangle - a_1) + P_2\,(a_\triangle - a_2)]$ überwiegt.

Soll M_d seinen größten positiven Wert $M_{d\,max}$ erhalten, so muß das zweite Glied möglichst klein, daher $P_1 = 0$ und $P_2 = 0$ sein, d. h. der Träger darf nur rechts vom Schnitt $t\,t$ belastet werden.

Da $N_1 + N_2 = \Sigma P$, also $N_1 = -N_2 + \Sigma P$ ist, so kann man auch

$$M_d = -N_2\,a_\triangle + a_\triangle\,\Sigma P - [P_1(a_\triangle - a_1) + P_2(a_\triangle - a_2)]$$

schreiben. Soll daher M_d seinen größten negativen Wert $M_{d\,min}$ erhalten, so muß das Glied $a_\triangle \Sigma P$ möglichst klein, daher $P_3 = P_4 = P_5 = 0$ sein, d. h. der Träger darf nur links vom Schnitt $t\,t$ belastet werden. Daraus folgt die Regel:

Die Stabkraft in einem Füllungsstab erreicht ihren Größt- und Kleinstwert bei einseitiger Belastung des Fachwerkträgers bis zu dem den Füllungsstab treffenden Schnitt.

14. **Aufgabe.** Entsprechend Aufgabe 12 sollen die größten und kleinsten Spannkräfte in den Füllungsstäben des Trapezträgers Abb. 89 berechnet werden.

Auflösung. Die für die einzelnen Füllungsstäbe maßgebenden Belastungen sind in Abb. 109a bis 109c dargestellt; es ergibt sich nach:

Abb. 109a: $N_1 = \tfrac{5}{2} \cdot 2,0 = 5,0$ t; $D_{1\,min} \cdot \sin \alpha + 5,0 = 0$ (vgl. Abb. 107a); daher $\underline{D_{1\,min} = -7,7 \text{ t.}}$

$D_{1\,max} = 0$, weil links vom Schritt $t_1 t_1$ keine freien Knotenpunkte vorhanden sind·

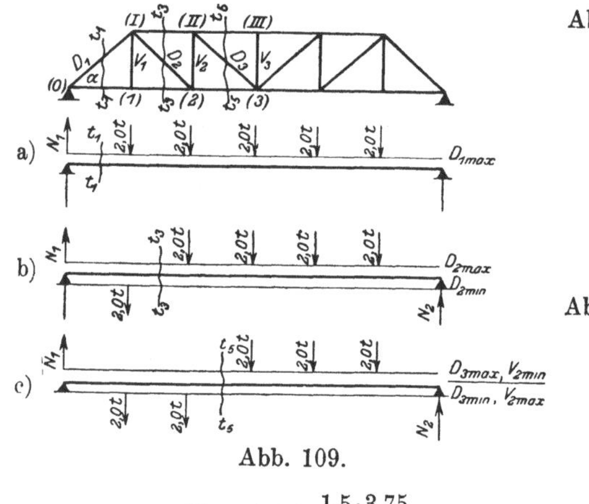

a) b) c)

Abb. 109.

Abb. 109b: $N_1 = 4 \cdot 2,0\,\dfrac{2,5 \cdot 3,75}{6 \cdot 375} = 3,3$ t;

$D_{2\,max} \cdot \sin \alpha - 3,3 = 0$ (vgl. Abb. 107c);

daher $\underline{D_{2\,max} = +5,0 \text{ t.}}$

$$N_2 = 2,0 \cdot \frac{3,75}{6 \cdot 3,75} = 0,3 \text{ t;}$$

$D_{2\,m.n} \cdot \sin \alpha + 0,3 = 0$;

daher $\underline{D_{2\,min} = -0,5 \text{ t.}}$

Abb. 109c: $N_1 = 3 \cdot 2,0 \cdot \dfrac{2 \cdot 3,75}{6 \cdot 3,75} = 2,0$ t;

$D_{3\,max} \cdot \sin \alpha - 2,0 = 0$ (vgl. Abb. 107c);

daher $\underline{D_{3\,max} = +3,1 \text{ t.}}$

$V_{2\,min} + 2,0 = 0$ (vgl. Abb. 107d);

daher $\underline{V_{2\,min} = -2,0 \text{ t.}}$

$$N_2 = 2 \cdot 2,0 \cdot \frac{1,5 \cdot 3,75}{6 \cdot 3,75} = 1,0 \text{ t;} \quad D_{3\,min} \cdot \sin \alpha + 1,0 = 0; \quad \text{daher } \underline{D_{3\,min} = -1,0 \text{ t.}}$$

$$V_{2\,max} + 1,0 = 0; \qquad\qquad\qquad \text{daher } \underline{V_{2\,max} = -1,0 \text{ t.}}$$

Der Stab V_1 wird entsprechend Abb. 107b: $\underline{V_1 = +2,0 \text{ t.}}$

Stab $V_3 = 0$ entsprechend Abb. 107f.

B. Zeichnerische Bestimmung der Stabkräfte:
Cremonasche Kräftepläne.

Setzt man in Abb. 106a die am abgeschnittenen Trägerteil angreifenden Kräfte N_1, P_1 und P_2 zu ihrer Resultierenden R zusammen (Abb. 110), so muß R mit O, D, U im Gleichgewicht sein, also mit O, D, U ein geschlossenes Vieleck (Kräftepolygon) bilden, in dem sich alle Pfeile nachlaufen. Ersetzt man R und O durch ihre Resultierende λ_1 (durch den Schnittpunkt A von R und O gehend) sowie U und D durch ihre Resultierende λ_2 (durch den Schnittpunkt B von U und D gehend), so müssen die beiden Kräfte λ_1 und λ_2 im Gleichgewicht, d. h. gleich groß $(\lambda_1 = \lambda_2 = \lambda)$, umgekehrt gerichtet sein und in dieselbe gerade Linie fallen. Da aber λ_1 durch A, λ_2 durch B gehen muß, so fallen beide in die Verbindungslinie AB. Zerlegt man

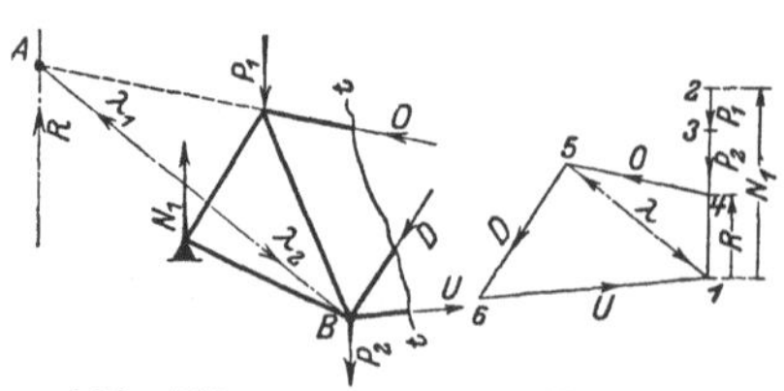

Abb. 110.   Abb. 110a.

daher (Abb. 110a) R nach O und $\overline{AB}$, und daraufdas dadurch gefundene λ nach U und D, so sind die gesuchten Spannkräfte O, D, U der Größe nach bestimmt. Ihre Pfeilrichtungen müssen dem gegebenen Pfeil von R nachlaufen. Überträgt man diese Pfeilrichtungen an den Schnitt tt, so deutet ein vom Schnitt weglaufender Pfeil (bei U) eine Zugkraft, ein auf ihn zulaufender (bei D und O) eine Druckkraft an.

Eine wesentliche Vereinfachung wird erzielt, wenn von den 3 Stabkräften O, D, U bereits eine, z. B. O, bekannt ist. Man trägt dann R und O hintereinander so auf, daß sich ihre Pfeile nachlaufen (Linienzug 1—4—5 in Abb. 110a), und zieht durch die Endpunkte (1 und 5) Parallele zu D und U, die sich im Punkte 6 schneiden; die Strecken 5—6 und 6—1 stellen dann die Größe von D und U dar; ihre Pfeile laufen den Pfeilen von R und O nach. Man führt daher die Schnitte tt stets so, daß nur zwei unbekannte Stäbe getroffen werden, um dadurch die jedesmalige Bestimmung der Hilfslinie λ zu umgehen.

Sämtliche Stabkräfte vereinigt man in einem Kräfteplan, der jeden Stab nur einmal enthalten soll. Zu dem Zweck legt man die einzelnen Schnitte tt am besten um die einzelnen Knotenpunkte herum, beginnt an jedem Knotenpunkt mit den bekannten bereits im Kräfteplan enthaltenen Lasten und Spannkräften und bestimmt endlich durch zwei Parallele zu den beiden unbekannten Stabkräften deren Größe. In dem zu jedem Knotenpunkte gehörigen Kräftevieleck müssen sich die Pfeile sämtlicher Lasten und Spannkräfte nachlaufen. Im fertigen Kräfteplan werden die Zugkräfte gestrichelt, die Druckkräfte aber ausgezogen.

Beispiele für solche Kräftepläne geben die Abb. 89a, 93a, 97a 101a, 103a, 104a, zu den gehörigen Fachwerkträgern Abb. 89, 93, 97, 101, 103, 104.

C. Anwendung auf Dachbinder.

Stützweite $L = na$ (Abb. 94); $a =$ Fachweite; $n =$ Anzahl der gleichen Fache, $b =$ Binderentfernung; $f =$ Binderhöhe.

1. *Lotrechte Belastung:* ständige Last (Dachdeckung, Sparren, Pfetten, Binder, Windverband) und Schneelast ($75 \cos \alpha$ für 1 qm Grundriß), insgesamt p kg/qm Grundriß. Damit ergehen sich die lotrechten Knotenlasten (Abb. 94) zu $P = pab$ für die freien und $0,5\,P = 0,5\,pab$ für die Auflagerknotenpunkte; daraus die Stützdrücke

$$N_1 = N_2 = 0,5\,nP = 0,5\,pbL.$$

2. *Windbelastung:* Windruck $w = 125$ bis 150 kg/qm rechtwinklig getroffener Fläche. Auf die unter dem $\sphericalangle\, \alpha$ geneigte Dachfläche (Abb. 95 und 96) entfällt der gesamte Winddruck $\mathfrak{W} = wbl \sin^2 \alpha = wbf \sin \alpha$, rechtwinklig zur Dachfläche gerichtet; daher die Knotenlasten $W = 2\,\mathfrak{W} : n$ für die freien und $0,5\,W = \mathfrak{W} : n$ für Trauf- und Firstknotenpunkt.

a) Ein Binderauflager fest, das andere beweglich (Abb. 96). Am beweglichen Auflager steht der Stützdruck rechtwinklig zur Gleitfläche, so daß sein Schnittpunkt mit der Resultierenden $\mathfrak{W}$ bestimmt ist; der Stützdruck am festen Auflager geht dann ebenfalls durch diesen Schnittpunkt, ist also der Richtung nach bestimmt. Man hat den Wind einmal von der Seite des beweglichen Auflagers (Stützdrücke N und B, Schnittpunkt C in Abb. 96) und dann von der des festen Auflagers (Stützdrücke $\mathfrak{N}$ und $\mathfrak{B}$, Schnittpunkt $\mathfrak{C}$ in Abb. 96) wirkend anzunehmen und für beide Fälle einen Kräfteplan zu zeichnen (Abb. 96a und b).

b) Beide Binderauflager fest (Abb. 95). Zerlegt man $\mathfrak{W}$ in $\mathfrak{W} \cos \alpha$ lotrecht und $\mathfrak{W} \sin \alpha$ wagerecht, so entstehen die lotrechten Stützdrücke

$$N_1 = \frac{3}{4}\,\mathfrak{W} \cos \alpha - \frac{f}{2L}\,\mathfrak{W} \sin \alpha \quad \text{und} \quad N_2 = \frac{1}{4}\,\mathfrak{W} \cos \alpha + \frac{f}{2L}\,\mathfrak{W} \sin \alpha,$$

die auch durch ein Seilpolygon ($a—b—s$ in Abb. 95 und 95a) bestimmt werden können. Die wagerechte Seitenkraft $\mathfrak{W} \sin \alpha$ kann mit hinreichender Genauigkeit zu gleichen Teilen auf die beiden Auflagerpunkte verteilt werden.

Bei flachen Dächern ($\alpha \leq 25^0$) genügt es, den Winddruck durch einen Zuschlag zur lotrechten Belastung zu berücksichtigen, die wagerechte Seitenkraft also zu vernachlässigen.

VII. Dachkonstruktionen.

Die einzelnen Teile einer eisernen Dachkonstruktion sind: die in 0,75 bis 1,25 m Entfernung angeordneten (meist ganz fehlenden) Sparren, die in $a = 2,5$ bis 4,0 m Fachweite angeordneten Pfetten und die $b = 4,0$ bis 6,0 bis 10,0 m voneinander entfernten Binder; je zwei Binder sind durch den in der schrägen Dachfläche liegenden Windverband zu einem Ganzen miteinander verbunden.

A. Die Binder.

1. Querschnittsausbildung. Die Binder werden als Fachwerkträger durchgebildet. Treten nur in den Knotenpunkten äußere Lasten auf, so entstehen in den einzelnen Stäben entweder nur Zug- oder nur Druckkräfte. Greifen dagegen auch Lasten zwischen den Knotenpunkten an (Zwischenpfetten, Abb. 111), so treten in den unmittelbar belasteten Stäben auch Biegungsmomente auf, die sich im Falle der Abb. 111 zu

$$M = + \frac{Pa}{8} \cdot \frac{4}{5} = + \frac{Pa}{10}$$

berechnen, wobei der Beiwert $^4/_5$ dem ununterbrochenen Durchlaufen der Stäbe über mehr als 2 Felder Rechnung trägt. Zur Bestimmung der Spannkräfte hat man die Zwischenlasten 0,5 P zu gleichen Teilen auf die beiden benachbarten Knotenpunkte zu

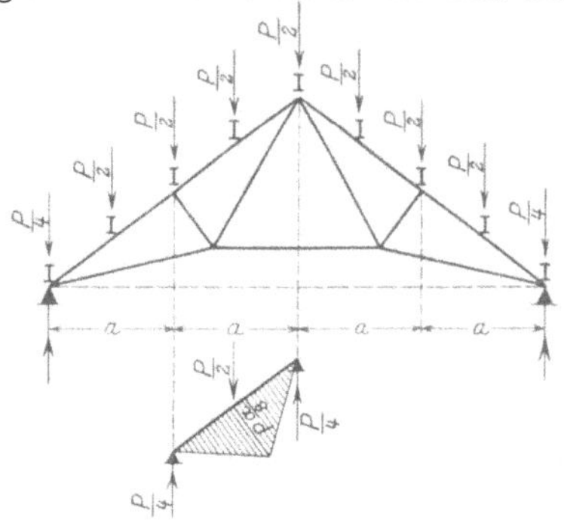

Abb. 111. Dachbinder mit Zwischenpfetten.

verteilen, d. h. das Belastungsbild der Abb. 93 zugrunde zu legen.

Werden die Stäbe gekrümmt ausgeführt (z. B. der Obergurt des Tonnendachs, Abb. 103), so wird bei der Bestimmung der Stabkräfte eine gerade Stabachse vorausgesetzt (vgl. Kräfteplan, Abb. 103a). Bei der Querschnittsbestimmung hat man aber das infolge der Krümmung entstehende Moment

$$M = - Sf \cdot \frac{4}{5} = - \frac{4}{5} Sf$$

zu berücksichtigen ($S = $ größte Stabkraft, $f = $ Pfeilhöhe des Bogens, Abb. 103).

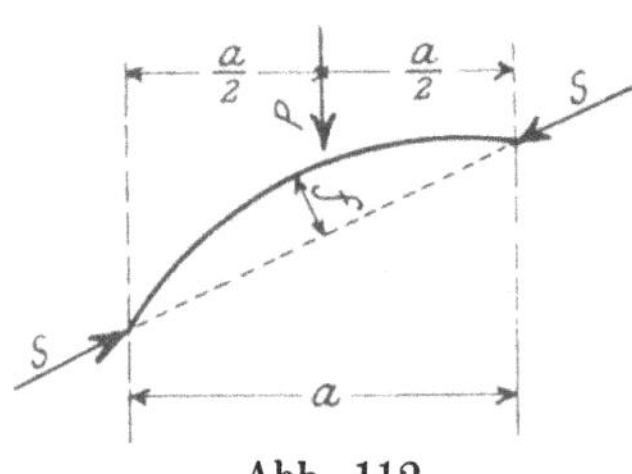

Abb. 112.

Bei gleichzeitiger Belastung zwischen den Knotenpunkten und Ausführung einer gekrümmten Stabachse (Abb. 112, in der P die Gesamtlast für die Fachweite a ist), ergibt sich das Gesamtmoment zu

$$M_{\max} = \frac{4}{5} \left(\frac{Pa}{8} - Sf \right).$$

Man hat danach drei Fälle zu unterscheiden, je nachdem der Stab auf Zug oder auf Druck oder auf Druck (Zug) und Biegung beansprucht ist.

a) *Zugstäbe:* erforderliche Fläche $F = S : k$, wobei S die größte auftretende Stabzugkraft, k die zulässige Beanspruchung $\{k = 1200$ kg/qcm für ständige Last $+$ Schnee, $k = 1400$ kg/qcm für ständige Last $+$ Schnee $+$ Wind $(150$ kg/qm$)\}$.

Bei der Berechnung der wirklich vorhandenen Querschnittsfläche sind die in ein- und denselben Querschnitt fallenden Nietlöcher in Abzug zu bringen.

Der runde und quadratische Querschnitt wird wegen der Schwierigkeit des Anschlusses, der rechteckige (Flacheisen) wegen seiner geringen seitlichen Steifigkeit nicht verwendet.

Die gebräuchlichsten Querschnitte sind: 2 gleichschenklige oder ungleichschenklige Winkeleisen nach Abb. 113, 113a oder 114, oder 2 ⊔-Eisen nach Abb. 115; eine Verstärkung kann durch zwischengelegte Flacheisen (Abb. 116) oder untergelegte Lamellen (Abb. 117) erreicht werden.

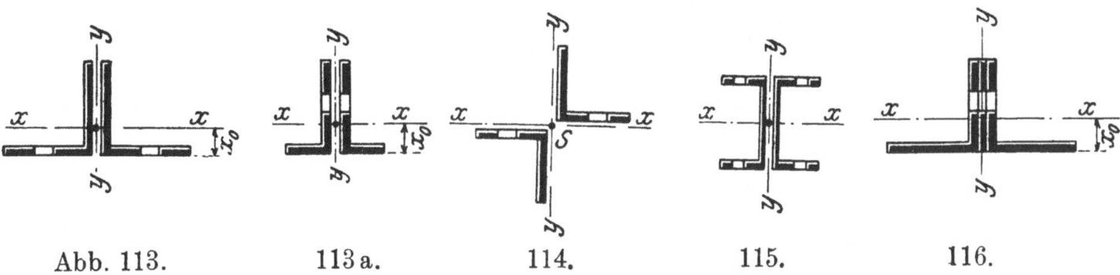

Abb. 113. 113a. 114. 115. 116.

b) *Druckstäbe:* Erforderliche Fläche $F = S : k$ (S und k wie bei *a*), erforderliches kleinstes Trägheitsmoment $J_{\min} = 0,5 \, \mathfrak{S} \, S_1 s_1^2$ ($\mathfrak{S} = 4$fach), wobei S_1 die größte Stabkraft in Tonnen, s_1 die Stablänge in Meter ist.

117.

Als freie Knicklänge s_1 ist die ganze Stablänge (Systemlänge) einzuführen, falls die Endknotenpunkte nicht nur in, sondern auch rechtwinklig zur Trägerebene (durch Pfetten und Windverband) unverschieblich gelagert sind; im Gegenfalle (wie z. B. bei den Knotenpunkten (1) und (2) des Untergurtes in Abb. 101) muß die Sicherung gegen Ausweichen aus der lotrechten Trägerebene durch Abstützung gegen die Knotenpunkte des Windverbandes [(I) und (II) in Abb. 101] erreicht werden, wenn man nicht mit der ganzen Spannweite als Knicklänge rechnen will (wobei z. B. in Abb. 101 für S der Mittelwert aus den Spannkräften der drei Untergurtstäbe einzuführen wäre).

Im übrigen sind für die Ausbildung des Querschnitts die für die Säulen angegebenen Grundsätze maßgebend. Der Nietabzug braucht bei der Berechnung der wirklich vorhandenen Fläche nicht berücksichtigt zu werden.

Die gebräuchlichsten Querschnitte sind: 2 gleichschenklige (Abb. 118) oder ungleichschenklige Winkeleisen (Abb. 119, bei denen annähernd $J_y = J_x$ erreicht werden kann) oder 2 ⊔-Eisen (Abb. 120). Zur Vergrößerung des Trägheitsmoments werden die Winkeleisen (besonders bei den Füllungsstäben) oft mit abgewendeten Schenkeln (Abb. 121) oder über Kreuz (Abb. 74a) angeordnet.

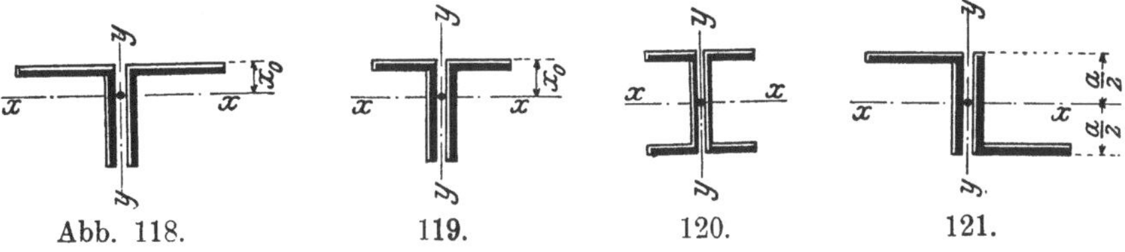

Abb. 118. 119. 120. 121.

c) *Druck (Zug) und Biegung:* Die Schwerachse des Querschnitts muß nach derjenigen Seite hin verschoben liegen (Abb. 122), an der sich die Spannungen aus der Druck-(Zug-)Kraft S und dem Biegungsmoment M mit gleichem Vorzeichen addieren, damit die tatsächlich in den äußersten Fasern auftretenden Spannungen

$$\left.\begin{aligned} \sigma_{\max} &= \frac{S}{F} + \frac{M}{W_1} \\[1ex] \sigma_{\min} &= \frac{S}{F} - \frac{M}{W_2} \end{aligned}\right\} \quad \begin{array}{l} (W_1 \text{ und } W_2 = \text{Widerstandsmomente} \\ \text{für die oberste und unterste Faser}) \end{array}$$

tunlichst gleich groß werden. Diese Anforderung erfüllt der $\perp$-förmige Querschnitt (Abb. 123), der aber bei Dachbindern (ebenso bei Kranen mit geringer Nutzlast) zur Vermeidung der teueren Nietarbeit meist durch den $\sqsubset$- bzw. $\sqsupset\sqsubset$-förmigen Querschnitt ersetzt wird.

Die Querschnittsbestimmung erfolgt am übersichtlichsten in einer Zahlentafel, in der sämtliche Stäbe (getrennt nach Ober-, Untergurt, Diagonalen, Vertikalen) mit den in ihnen wirkenden größten Spannkräften und Momenten, den erforderlichen Flächen und Trägheitsmomenten, den gewählten Querschnitten mit den wirklich vorhandenen Flächen, Trägheits- und Widerstandsmomenten, die für die Anschlüsse erforderlichen (nach Abt. II zu berechnenden) Scherflächen sowie Nietzahlen (auf Abscheren und Lochleibung), endlich die Stützdrucke mit der Berechnung der Auflager aufgeführt werden.

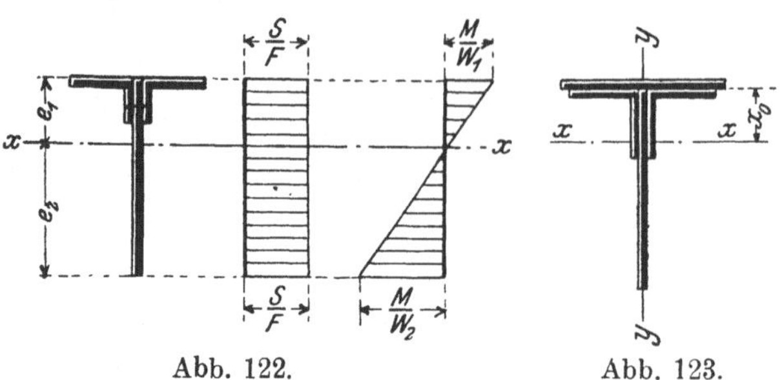

Abb. 122.   Abb. 123.

| Stab | Spannkräfte in t — hervorgerufen durch | | | insgesamt | | Momente in cmkg infolge | | | Erforderlich an | | Gewählter Querschnitt | Vorhanden an | | | Der doppelschnittigen Niete | | erforderliche Anzahl auf | | Bemerkungen |
| | Ständige Last | Schnee | Winddruck | + | − | Zwischenbelastung | Stabkrümmung | Insgesamt | Fläche | Trägheitsmoment | | Fläche | Trägheitsmoment | Widerstandsmoment | Durchmesser | Scherfläche | Abscheren | Lochleibung | |
									qcm	cm³		qcm	cm⁴	cm³	mm	qcm			

Die der statischen Berechnung beizufügende Zahlentafel unterscheidet sich von der vorhergehenden dadurch, daß nicht das Erforderliche und wirklich Vorhandene gegenübergestellt wird, sondern daß nur das wirklich Vorhandene und die daraus berechnete Beanspruchung bzw. Knicksicherheit aufgenommen wird.

| Stab | Spannkräfte in t — hervorgerufen durch | | | insgesamt | | Momente in cmkg infolge | | | Gewählter Querschnitt | Vorhanden an | | | Tatsächlich | | Der doppelschnitt. Niete | vorhandene | | | Beanspruchung auf | | Bemerkungen |
| | Ständige Last | Schnee | Winddruck | + | − | Zwischenbelastung | Stabkrümmung | Insgesamt | | Fläche | Trägheitsmoment | Widerstandsmoment | Beanspruchung | Knicksicherheit | Durchmesser | Anzahl | Scherfläche | Lochleib.-Fläche | Abscheren | Lochleibung | |
										qcm	cm⁴	cm³	kg/qcm		mm		qcm	qcm	kg/qcm	kg/qcm	

2. Ausbildung der Knotenpunkte.

a) Sämtliche an einem Knotenpunkt zusammentreffenden Stäbe müssen sich in ein und demselben Punkt, nämlich dem Knotenpunkt selbst schneiden.

b) In dem ausgeführten Querschnitt muß die Schwerachse mit der Richtungslinie der Stabkraft zusammenfallen.

Nur bei gering beanspruchten Winkeleisen läßt man wohl die Wurzellinie mit der Kraftrichtung zusammenfallen, wenn zur Übertragung der Stabkraft schon der in der Trägerebene liegende Winkelschenkel genügt (Abb. 127).

c) In den Knotenpunkten läßt man die Gurtstäbe als die am meisten beanspruchten Stäbe in ein und derselben Profilstärke ununterbrochen durchlaufen. Ein Stoß der Gurtstäbe (und damit unter Umständen ein Wechsel des Profils) wird nur in den Knotenpunkten angeordnet, in denen eine starke Richtungsänderung eintritt (z. B. in den Firstpunkten, Abb. 128 und 134, in den Knickpunkten des Untergurts, Abb. 131).

Die Füllungsstäbe werden an jedem Knotenpunkt unterbrochen (Schnitt rechtwinklig zur Stabachse!) und mit besonderen Knotenblechen an die Gurtstäbe angeschlossen. Die zum Anschluß erforderliche Nietanzahl muß für jeden Querschnittsteil eines Füllungsstabes besonders berechnet werden; die rechtwinklig zum Knotenblech liegenden Querschnittsteile werden mit besonderen Hilfswinkeln (nach Abb. 38) angeschlossen. Nur wenn der in der Trägerebene liegende Querschnittsteil für sich allein schon zur Aufnahme der Stabkraft ausreicht, genügt es, auch nur diesen Teil an das Knotenblech anzuschließen. Die geringste Anzahl der Anschlußniete ist zwei, auch wenn die Rechnung weniger ergibt.

Die Gurtstäbe sind an das Knotenblech mit so viel Nieten anzuschließen, wie der größten Differenz der an dem betr. Knotenpunkt anschließenden Gurtkräfte entspricht; die so errechnete Nietanzahl muß aber vergrößert werden, wenn sich die Nietentfernung dabei größer als $6\,d$ bei Druck- bzw. $8\,d$ bei Zugstäben ergibt. Ist ein Gurtstab an einem Knotenpunkt gestoßen, so muß natürlich die volle zur Stoßdeckung erforderliche Nietanzahl untergebracht werden; das Knotenblech selbst darf hierbei als Stoßlasche mit in Rechnung gestellt werden (Abb. 124, 127, 128, 131).

d) Der Windverband wird gekreuzt angeordnet und in jedem Feld entweder aus einem Winkeleisen ($65\cdot65\cdot7$ bis $100\cdot100\cdot12$, noch besser $75\cdot50\cdot7$ bis $120\cdot80\cdot12$) und einem Flacheisen ($^{65}/_{10}$ bis $^{100}/_{16}$) oder aber bei größeren Binderentfernungen besser nur aus Winkeleisen ausgebildet. Bei kleinen Bindern schließt man wohl den Windverband unmittelbar an den Obergurt an (Abb. 128b), bei größeren ordnet man besser besondere Anschlußbleche von 8—10 mm Stärke an (Abb. 130a).

e) Die zur Auflagerung von Bindern bis 24 m Spannweite verwendeten Gleitlager werden nach den Regeln des Abschnitts III berechnet und durchgebildet. Zu beachten ist, daß die Mitte der Auflagerplatte stets mit der Lotrechten durch den Auflagerknotenpunkt zusammenfallen muß (besonders bei Pultdächern zu beachten, Abb. 133).

Auf Grund dieser Regeln ausgebildete Knotenpunkte sind in den Abb. 124 bis 134 dargestellt.

3. Ausbildung der Stäbe zwischen den Knotenpunkten. Die nebeneinanderliegenden, nicht durchlaufend miteinander verbundenen Teile ein und desselben Stabquerschnitts müssen zwischen den Knotenpunkten miteinander verbunden werden, und zwar

a) bei den Druckstäben in den nach Gl. 25) berechneten Entfernungen λ, mindestens aber in den Drittelpunkten, durch wenigstens zwei (Abb. 130a), bei großen Abmessungen besser drei hintereinandersitzende Niete;

b) bei Zugstäben in 1,5 bis 2,5 m Entfernung zur Erzielung einer möglichst gleichen Ablängung der einzelnen Teile zwischen den Knotenpunkten; hier genügt in der Regel ein Niet; nur bei starken Profilen werden zwei Niete hintereinander angeordnet.

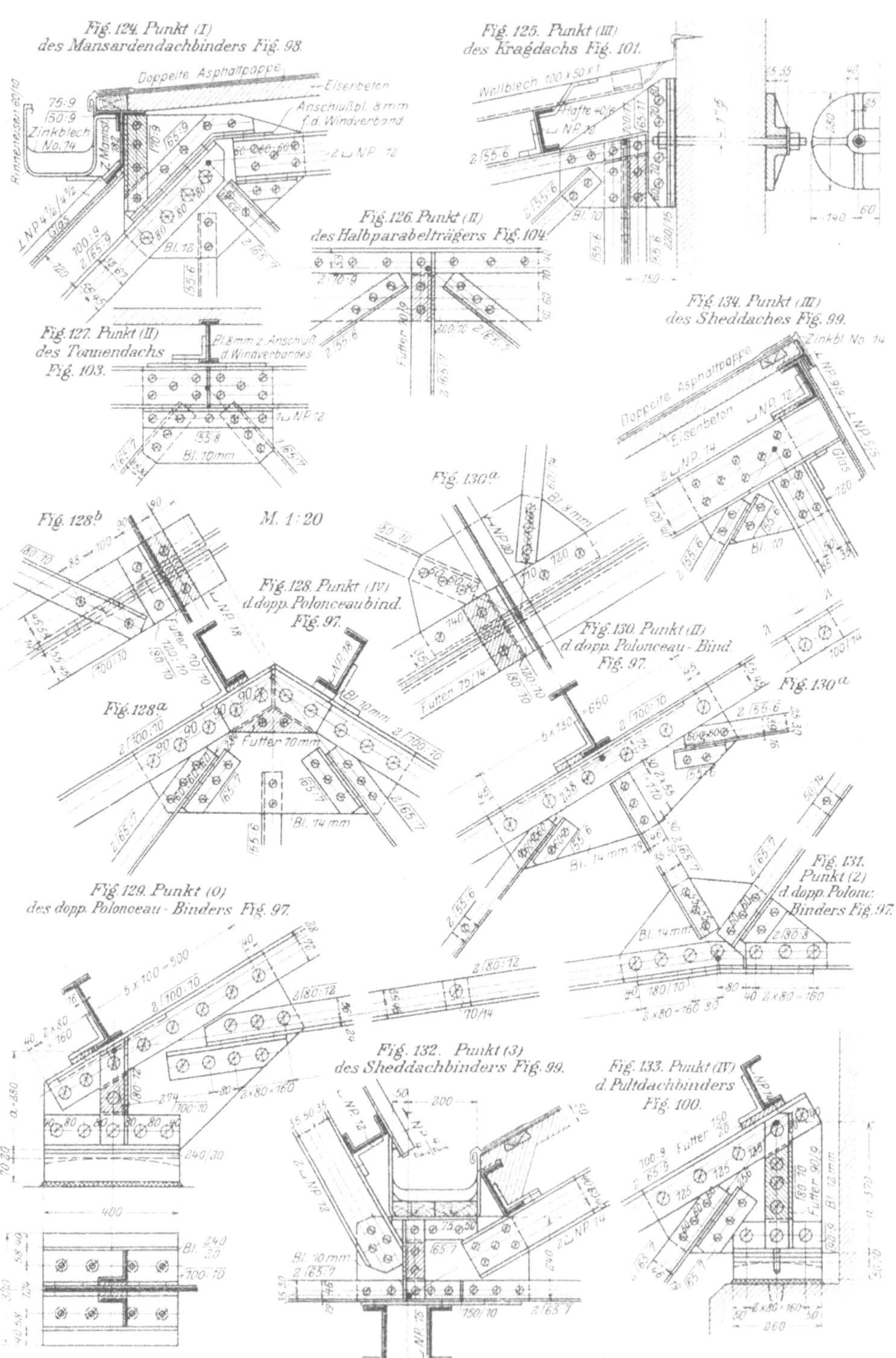

Abb. 124 bis 134. Ausbildung von Knotenpunkten.

B. Die Pfetten.

Hölzerne Pfetten erhalten rechteckigen ($b:h = 5:7$), eiserne I, C, Z, nur bei Binderentfernungen $b > 6$ m auch fachwerkförmig gegliederten Querschnitt.

Die Mittellinie der Pfette (die stets durch den zugehörigen Knotenpunkt gehen muß) steht entweder lotrecht oder rechtwinklig zum Obergurt. In beiden Fällen ist für eine feste Verbindung der Pfette mit dem Obergurt zum Schutze gegen Rutschen und Kanten durch vor- und nebengelegte Winkeleisen zu sorgen; ein bloßes Vernieten bzw. Verschrauben der Pfetten oder ihrer Flanschen mit dem Obergurt ist nicht ausreichend.

Beispiele für die Befestigung rechtwinklig zum Obergurt stehender Pfetten mit Winkeleisen (die in der Werkstatt mit dem Binder vernietet werden und dadurch bei der Ausführung die geradlinige Lage des Pfettenstrangs gewährleisten) zeigen die Abb. 125, 127, 128, 129 und 134; bei H-Pfetten ist die Anordnung eines Futterstücks erforderlich.

First- und Traufpfetten werden entweder einteilig (Abb. 127, 129, 133, 134) oder zweiteilig (Abb. 128, 132) ausgebildet; in letzterem Falle kann die Profilhöhe durch Unterlegen von Futterstücken verkleinert werden.

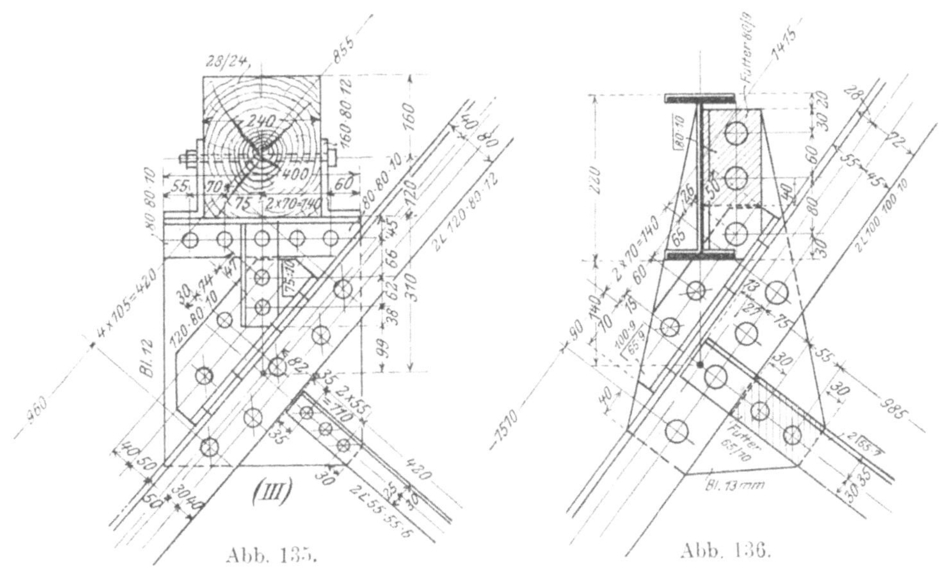

Abb. 135 u. 136.   Pfettenauflagerung.

Bei lotrecht stehender Mittellinie wird das Knotenblech nach oben verlängert und entweder mit wagerechten Auflagerwinkeln versehen (Abb. 135) oder unmittelbar zum Anschluß der Pfette mit lotrechten Winkeleisenstücken benutzt (Abb. 136). Zur Sicherung der vorstehenden dünnen Knotenbleche gegen Ausbiegen aus der Binderebene sind so viel Aussteifungswinkel anzuordnen, daß jeder beliebige durch das Knotenblech gelegte Schnitt nicht nur dieses selbst, sondern auch mindestens ein Winkeleisen trifft.

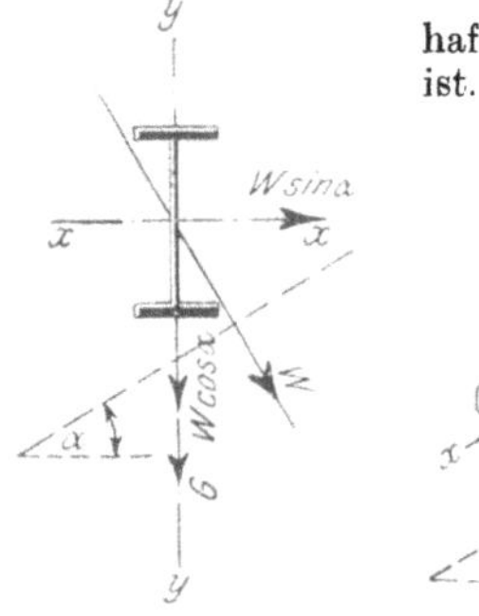

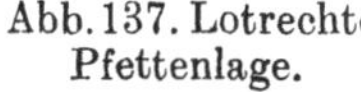

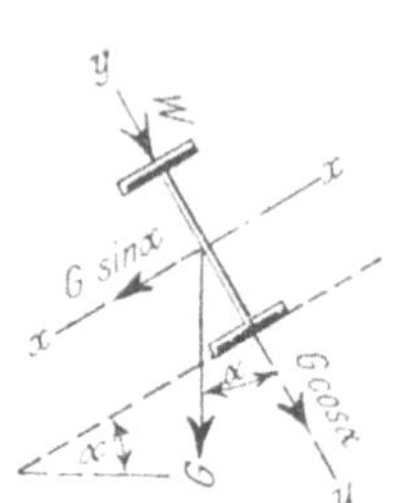

Abb. 137. Lotrechte   Abb. 138. Schräge
Pfettenlage.   Pfettenlage.

Rechnerisch ist die lotrechte Lage der Pfette (Abb. 137) vorteilhafter als die zum Obergurt rechtwinklige (Abb. 138), da $W \sin \alpha < G \sin \alpha$ ist. Dieser Vorteil wird aber durch den Mehraufwand an Eisen und Arbeit zum Anschluß der Pfette und zur Aussteifung des vorstehenden Knotenblechs weit übertroffen. Man wählt daher die lotrechte Pfettenlage nur bei steilen Dächern und da, wo die Pfettenmittellinie im Grundriß nicht rechtwinklig zur Bindermittellinie steht (bei vieleckiger Grundrißform des Raums).

Bei Gebäuden von mehr als etwa 25 bis 35 m Länge werden die Pfetten mit festen und beweglichen Gelenken nach Abb. 58 versehen, einmal der Materialersparnis wegen, dann aber zur Berücksichtigung der Längenänderungen bei Temperaturwechsel.

VIII. Die wichtigsten Dachdeckungen eiserner Dächer.

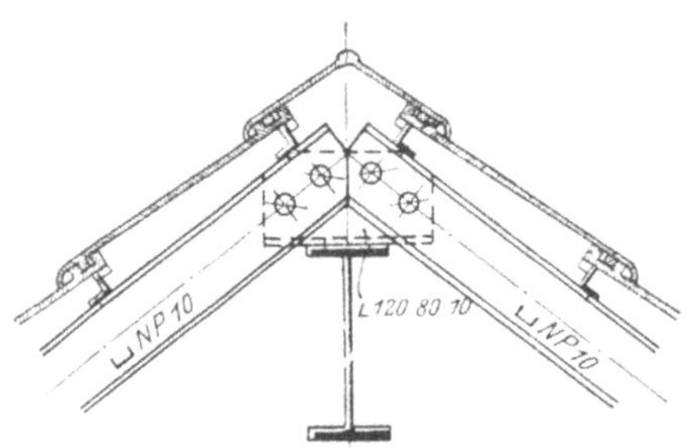

Abb. 139.   Falzziegeldeckung.

A. Falzziegeldeckung (Abb. 139).

Kleinste Dachneigung $h/l = \frac{1}{3}$. Sparren in 0,75 bis 1,25 m Entfernung aus $\llcorner$-, seltener I- oder Z-Eisen. Latten in 0,30 bis 0,33 m Entfernung aus $\llcorner$-Eisen ($25:4$ bis $40:6$); genaue Lattenentfernung vorher anfragen!

B. Holzzementdeckung (Abb. 140).

Kleinste Dachneigung $h/l = \frac{1}{40}$. Holzzement $= 60$ T. Teer $+ 15$ T. Asphalt $+ 25$ T. Schwefel. Dachfläche entweder aus einer Bretterschalung (3 bis 3,5 cm) auf Holzsparren ($\frac{13}{16}$ bis $\frac{14}{18}$ cm) oder aus einer gewölbten oder ebenen Decke (Schwemmsteine, Bimsbeton mit Eiseneinlagen) zwischen I-Pfetten.

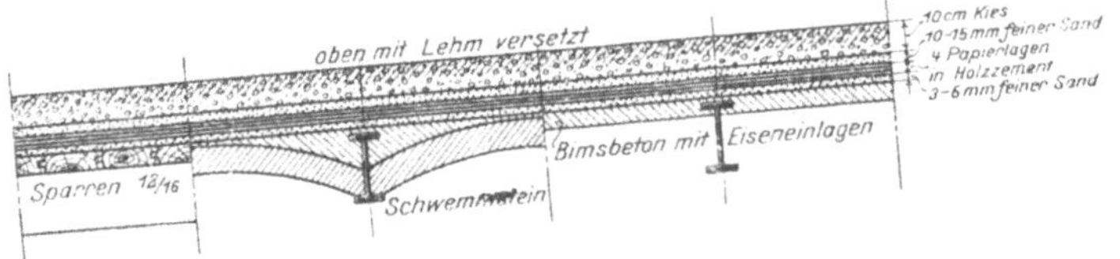

Abb. 140.   Holzzementdeckung.

Über die Dachfläche wird zunächst 3 bis 5 mm hoch feiner Sand gesiebt, zur Verhütung des Anklebens der untersten Papierlage; darüber meist 4 Papierlagen, von denen die vorhergehende mit Holzzement gestrichen wird, ehe die nächstfolgende aufgebracht wird. Die oberste Lage wird nochmals mit Holzzement gestrichen, darauf 10 bis 15 mm hoch mit feinem trockenem Sand übersiebt und endlich 6 bis 10 cm hoch mit nach oben hin immer gröber werdendem, in der obersten Schicht zum Schutz gegen Abwehen und Abspülen mit Lehm versetztem Kies überdeckt.

In der Anlage teuer, aber vollständig wasser-, wärme- und feuersicher; geringe Unterhaltungskosten.

C. Asphaltpappedeckung (Abb. 141).

Kleinste Dachneigung $h/l = {}^1/_{15}$.

Die Dachfläche (ausgebildet wie bei der Holzzementdeckung) wird mit feinem trockenen Sand übersiebt und darauf von der Traufe beginnend und mit ihr parallel mit zwei um die halbe Rollenbreite von 1 m gegeneinander versetzten Lagen von Asphaltpappe überdeckt, die mit Teer $+ 15\,{}^0/_0$ Asphalt zusammengeklebt werden. Die oberste Lage erhält dann aus derselben Masse einen nochmaligen Anstrich, der alle 2 bis 4 Jahre, wenn die Pappe zutage tritt, erneuert werden muß.

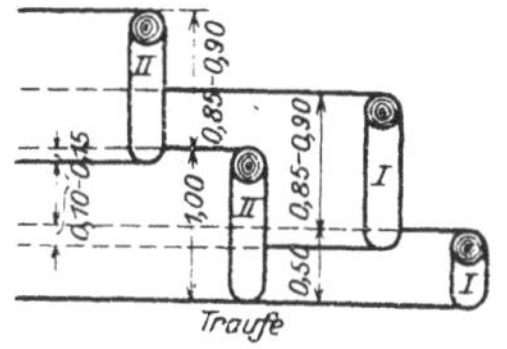

Abb. 141. Doppelte Asphaltpappedeckung.

D. Wellblechdeckung.

Kleinste Dachneigung $h/l = {}^1/_{15}$. Vorzüge des Wellblechs: große Tragfähigkeit bei geringem Eigengewicht, daher leichte Unterkonstruktion; gute Wasserabführung in den Wellentälern, daher flache Dachneigung.

Nachteile: leichte Zerstörbarkeit durch Rost und gute Wärmeleitung; daher zur Überdeckung von Fabrikräumen nicht geeignet.

Das Wellblech kommt oben auf eisernen Pfetten und Bindern (Binderdach) oder gebogen (bombiert) ohne besondere Unterkonstruktion (frei tragendes oder bombiertes Dach) zur Verwendung; in letzterem Falle bildet das Wellblech ein Kappengewölbe von $f = {}^1/_4 L$ bis ${}^1/_6 L$ Pfeilhöhe, das seinen Horizontalschub auf durch die Längsmauern unterstützte eiserne Träger (⊔- oder ⊥-Eisen) überträgt, die ihrerseits zum Ausgleich des Schubs in 2 bis 4 m Entfernung durch eiserne Anker verbunden sind.

Bei den Binderdächern wird (je nach der Pfettenentfernung) ebenes und Trägerwellblech, bei den frei tragenden stets Trägerwellblech verwendet, und zwar verzinkt, 1 bis 2 mm stark. Man unterscheidet die tatsächliche Breite einer Wellblechtafel (Abb. 142) und die Nutz- oder Baubreite.

In der schrägen Dachfläche bilden sich lotrechte und wagerechte Fugen.

1. In den lotrechten Fugen überdecken sich die Tafeln der Breite nach um ${}^1/_4$ Wellenbreite (Abb. 143) und werden in den Wellenbergen in Abständen von 400 bis 600 mm durch Niete von 6 bis 8 mm Durchm. zusammengeheftet; unter die Nietköpfe werden zur Vergrößerung der Gesamtblechdicke runde Plättchen aus Zink oder verzinktem Eisenblech gelegt.

Abb. 142.   Abb. 143. Überdeckung in den lotrecht. Fugen.

2. Die wagerechten Fugen werden am besten über einer Pfette angeordnet (Abb. 144). Der obere Rand der unteren Tafel wird in jedem zweiten bis vierten Wellental mit dem Pfettenflansch durch oben versenkte Niete von 8 bis 10 mm Durchm. verbunden und durch den unteren Rand der oberen Tafel um 10 bis 18 cm (je nach der Dachneigung) überdeckt; letztere wird gegen Abheben durch Haften aus verzinktem Eisenblech (${}^{30}/_4$ bis ${}^{50}/_6$) gesichert,

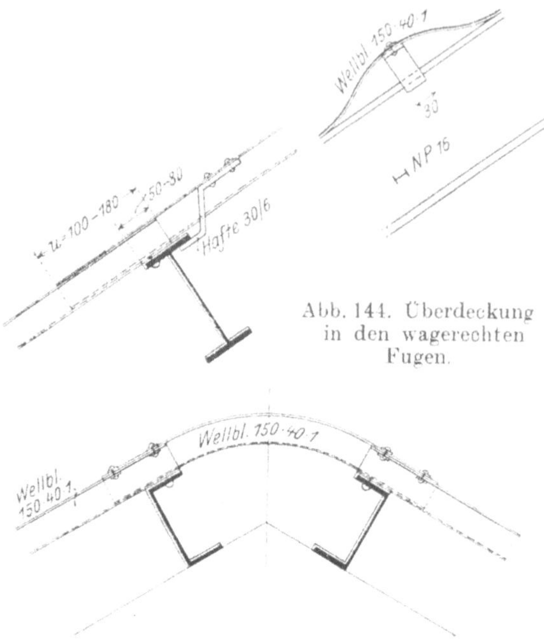

Abb. 144. Überdeckung in den wagerechten Fugen.

Abb. 145. Überdeckung der Firstfuge.

die in jedem zweiten bis dritten Wellenberg durch 2 bis 3 Niete von 6 bis 8 mm Durchm. angenietet sind und so unter den Pfettenflansch greifen, daß genügender Spielraum für die Bewegungen der Tafel bei Temperaturschwankungen bleibt. Eine Vernietung der sich überdeckenden Tafeln ist bei Binderdächern entbehrlich, dagegen bei bombierten (wegen der Übertragung des Horizontalschubs) unbedingt erforderlich.

Die Überdeckung der Firstfuge erfolgt mit einem gebogenen Wellblechstreifen desselben Profils (Abb. 145), das in den Wellenbergen durch 1 bis 2 Niete von 6 bis 8 mm Durchmesser angeschlossen ist.

E. Glasdeckung (Oberlichte).

Kleinste Dachneigung $h/l = {}^1/_3$.

1. Glassorten:

a) *geblasenes Rohglas*, in Stärken von 3 bis 5 mm;

b) *gegossenes Rohglas*, in Stärken von 6 bis 12 mm;

c) *Drahtglas*, in Stärken von 5 bis 10 mm, hergestellt aus Rohglas mit an einer Seite eingelegtem 1 mm starken Drahtnetz; größere Tragfähigkeit und Feuersicherheit; Fortfall der sonst unter den Glasflächen erforderlichen Drahtschutznetze.

2. Anordnung der Oberlichtflächen:

a) Die Glasfläche liegt in der Dachfläche (Abb. 146), oft unter Änderung des Dachneigungswinkels, z. B. beim Mansardendach (Abb. 98) und Sheddach (Abb. 99).

b) Die Glasfläche liegt in Form einer Laterne erhöht (Abb. 147).

c) Die Glasfläche ist in eine Anzahl kleiner Satteldächer aufgelöst, deren Längsachse senkrecht zur Achse des Hauptdachs steht (Abb. 148); Neigungswinkel 45°; Länge gleich der im Handel gebräuchlichen Länge einer Glastafel (zur Vermeidung der wagerechten Fugen); dafür aber verwickeltere und teurere Eisenkonstruktion.

3. Fugen. In der Glasfläche entstehen wie bei der Wellblechdeckung wagerechte und lotrechte Fugen.

a) In den **wagerechten Fugen** überdecken sich die Glastafeln je nach der Dachneigung um 4 bis 14 cm. Die Fugen sind entweder **enge** (2 bis 6 mm); Dichtung durch Kitt (Abb. 149) oder durch einen Streifen aus Filz,

Filz in Bleipapier ($^1/_4$ mm), Bleipapier, Gummi, Glas, der mit Haken aus Zink-, Kupfer- oder verzinktem Eisenblech an der unteren Tafel aufgehängt wird, (Abb. 150), oder aber weite ($>$ 6 mm), wobei zur Dichtung ein $\sqcap$- oder $\sqcup$-förmiges Zwischenstück eingelegt (Abb. 151) oder aber auf eine Dichtung ganz verzichtet und zur Ableitung des eindringenden Regenwassers innen eine Rinne angebracht wird (Abb. 152).

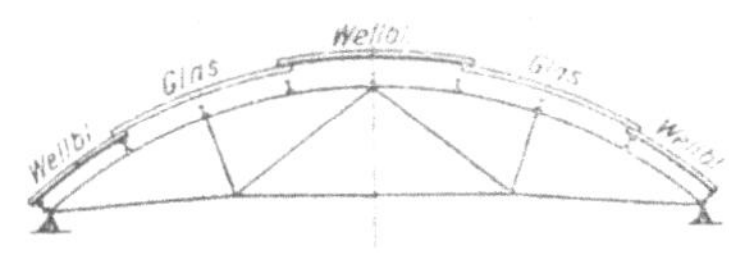

Abb. 146. Glasfläche in der Dachfläche.

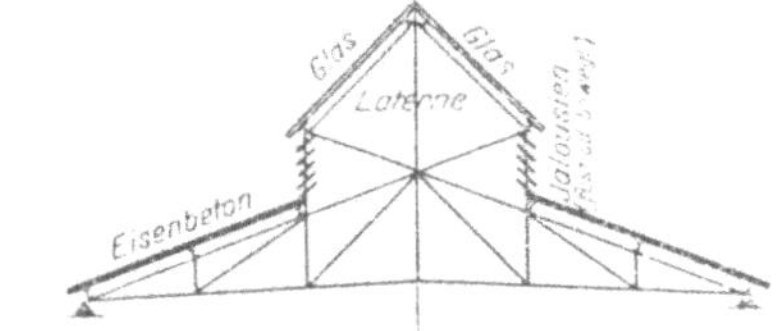

Abb. 147. Glasfläche als Laterne erhöht.

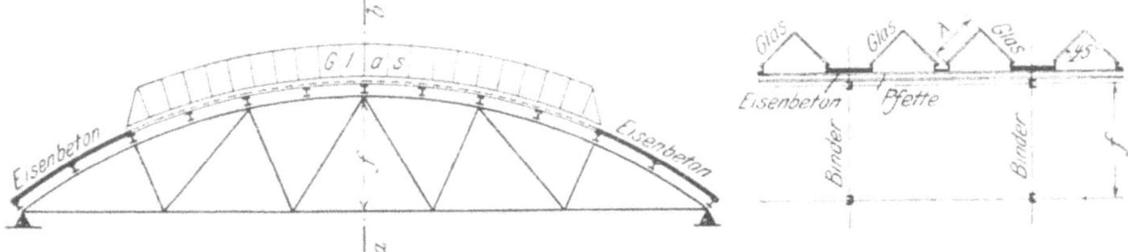

Abb. 148. In Satteldächer aufgelöste Glasfläche.

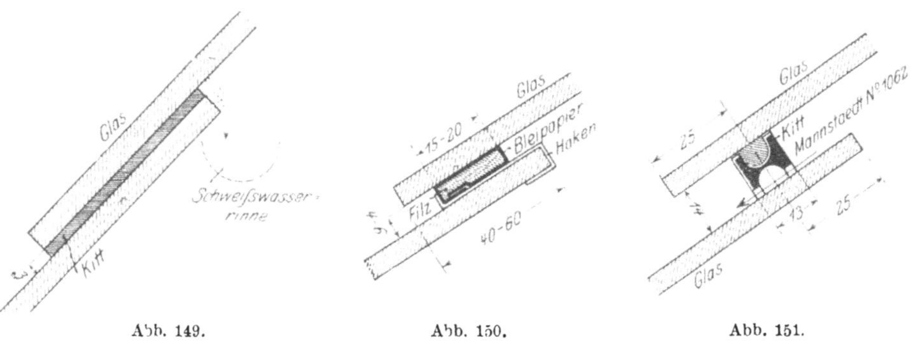

Abb. 149.   Abb. 150.   Abb. 151.

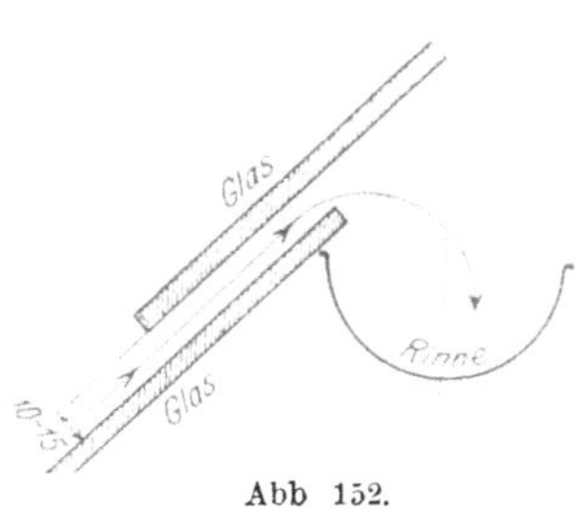

Abb 152.

Abb. 149 bis 152. Überdeckung der Glastafeln in den wagerechten Fugen.

Die wagerechten Fugen sind schwer dauernd dicht zu halten und werden daher, wenn irgend möglich, vermieden.

b) In den lotrechten Fugen werden die Glastafeln von den Sprossen getragen, deren Entfernung 0,5 bis 0,8 m beträgt. Sie können sein:

α) geschlossene Sprossen ($\perp$- oder $+$-förmig): Dich-

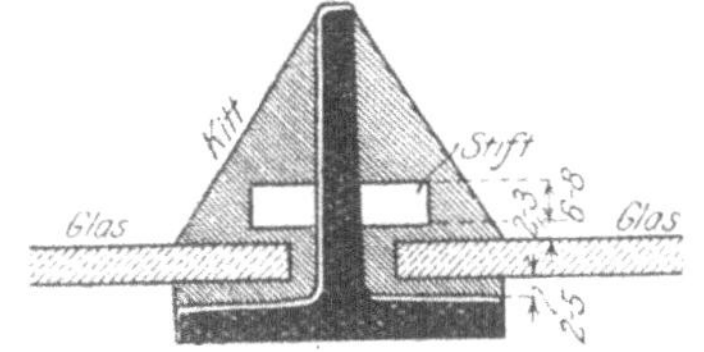

Abb. 153. Geschlossene Sprosse.

tung durch Kitt (Abb. 153); Schutz gegen Abheben durch Stifte von 6 bis 8 mm Durchm., 2 bis 3 mm über der Glasoberfläche, 100 bis 200 mm vom Tafelrand entfernt; Schutz gegen Abgleiten durch Umbiegen der Flansche

(Abb. 154a) oder Vornieten von Winkeleisenstücken (Abb. 154b). Nachteil: feste Verbindung zwischen Glas und Eisen durch den Kitt.

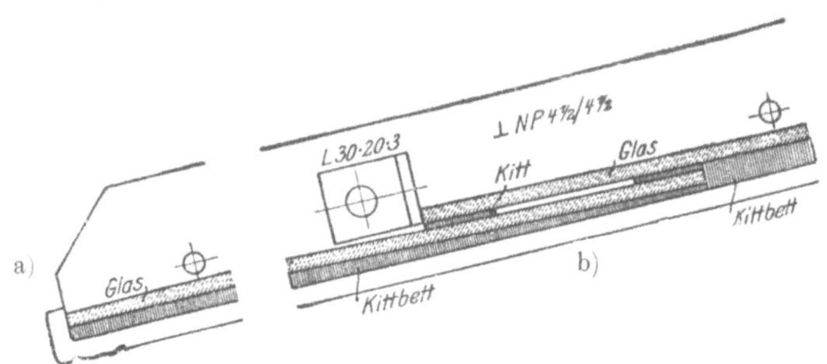

Abb. 154. Geschlossene Sprosse.

Sind wagerechte Fugen vorhanden, so muß das Kittbett keilförmig gemacht (Abb. 154) oder aber die Sprosse an der Überdeckungsstelle der Glastafeln abgebogen („gekröpft") werden; beide Übelstände sind in Abb. 155 dadurch vermieden, daß die obere Glastafel nicht unmittelbar auf dem Sprossenflansch, sondern auf einem beiderseits aufgenieteten Flacheisen $\left(\dfrac{20}{7}\right)$ aufruht.

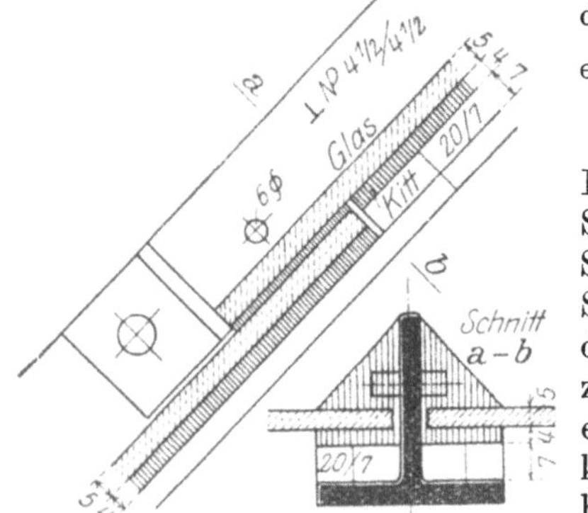

Abb. 155. Überdeckung der Glastafeln.

β) Offene oder Rinnensprossen: Dichtung durch Filzstreifen (Abb. 156); Schutz gegen Abheben durch Blatt- oder Spiralfedern (Federstahl 1 bis 2 mm stark); Schutz gegen Abgleiten durch Glashalter, d. s. Haken aus Zink-, Kupfer- oder verzinktem Eisenblech. Die Rinnensprossen erlauben die freie Bewegung der Eisenkonstruktion gegenüber den Glastafeln; daher weniger Scheibenbruch.

Die Keilform der Glasunterlage (Filz, Filz in Bleipapier, Gummi) bzw. das Kröpfen der Sprossen an den wagerechten Überdeckungsfugen der Tafeln kann entsprechend der Abbildung 155 durch aufgenietete Flacheisen vermieden werden. Die Bildung von Schweißwasser an der Sprosse (Abb. 156) ist nicht ausgeschlossen, da sie teils mit der Außen-, teils mit der Innenluft in Berührung steht.

Soll vollständige Tropfsicherheit erzielt werden, so wird nach Abb. 157 über der Rinnensprosse ein besonderer Träger a für die Glastafeln angeordnet, der in Abständen von 0,5 bis 0,8 m durch Bügel b gegen die Sprosse c abgestützt ist; durch Höherrücken dieser Bügel um die Glasstärke wird die glatte Überdeckung der Tafeln in den wagerechten Fugen ermöglicht.

c) In der Firstfuge wird die Dichtung bei geschlossenen Sprossen durch die Firstpfette selbst nach Abb. 158 (vgl. auch Abb. 134) erzielt, bei offenen Sprossen durch ein abgebogenes Blech aus Zink, Kupfer oder verzinktem Eisen nach Abb. 159, das durch die obersten Sprossenfedern gehalten ist.

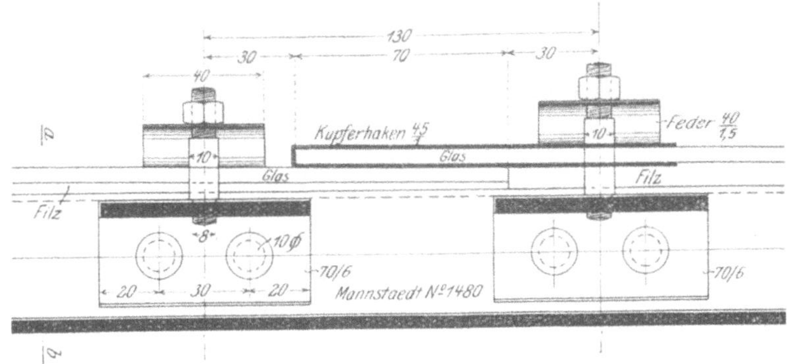

Abb. 156a. Offene Sprosse: Längenschnitt. Querschnitt *a—b* siehe Abb. 156b.

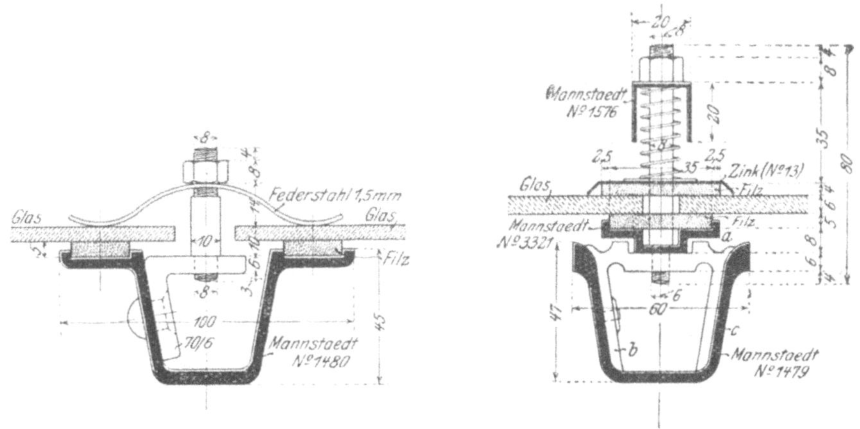

Abb. 156b. Schnitt *a—b* der Abb. 156a. Abb. 157. Offene Sprosse mit besond. Glasträger.

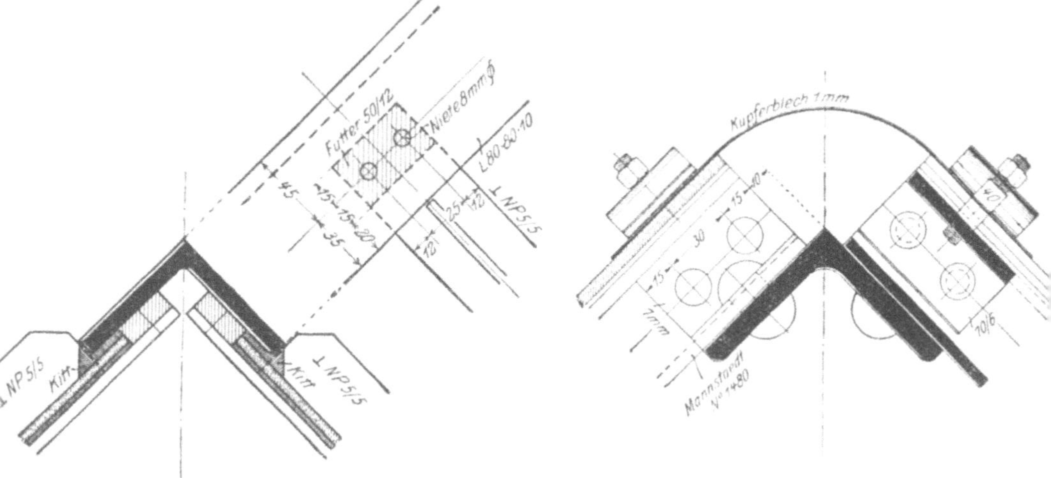

Abb. 158. Firstdichtung bei geschlossenen Sprossen. Abb. 159. Firstdichtung bei offenen Sprossen.

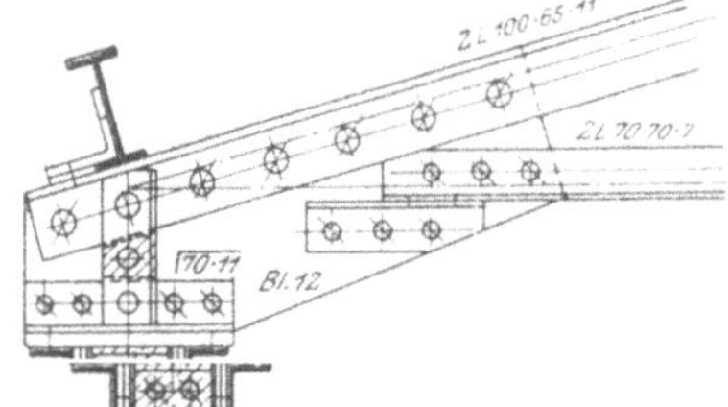

IX. Fachwerkwände.

Die einzelnen Teile einer eisernen Fachwerkwand (Abb. 160) sind dieselben wie die einer hölzernen.

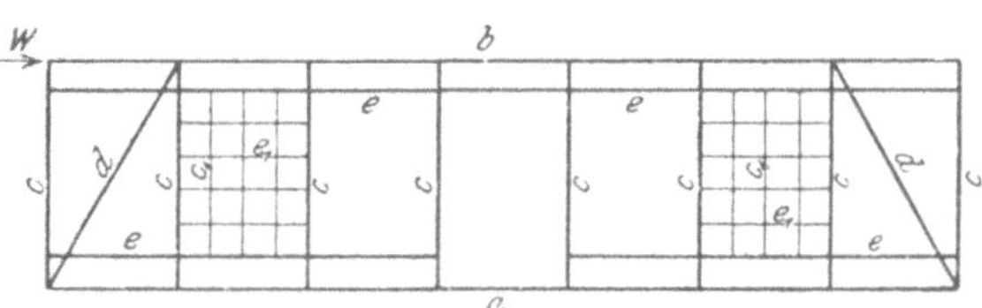

Abb. 160. Eiserne Fachwerkwand.

Die Ausfüllung der Fache erfolgt entweder in Mauerwerk oder in Wellblech oder Glas.

1. Bei Ausmauerung der Fache werden bei beiderseits verputzten Innenwänden alle Teile aus H- bzw. ⊏-Eisen (NP. 14, seltener 12) gebildet; der Anschluß wird, um ein Ausarbeiten der Flanschen zu ersparen, mit ungleichschenkligen Winkeleisen ausgeführt, wie in Abb. 161 für den Anschluß des Riegels an den Pfosten, in Abb. 162 für den des Pfostens an die Schwelle dargestellt ist. Die Riegel werden auch wohl aus in den Lagerfugen liegenden Flacheisen ($^{50}/_5$ bis $^{80}/_8$) gebildet. Bei Außenwänden erhalten meist nur die Pfosten H- bzw. ⊔-Querschnitt, während die übrigen Teile aus zwei außen vorgelegten Winkel-, die zwischen den Pfosten belasteten Rahmstücke aus ⊏-Eisen gebildet werden (Abbildungen 163 und 164).

2. Bei Wellblech- oder Glasausfüllung werden alle Teile aus ⊥- und ∟-Eisen gebildet (Abb. 165). Die zu verglasenden Fache werden dabei zur Erzielung handelsüblicher Glastafelabmessungen (0,48 bis 0.6 m Seitenlänge)

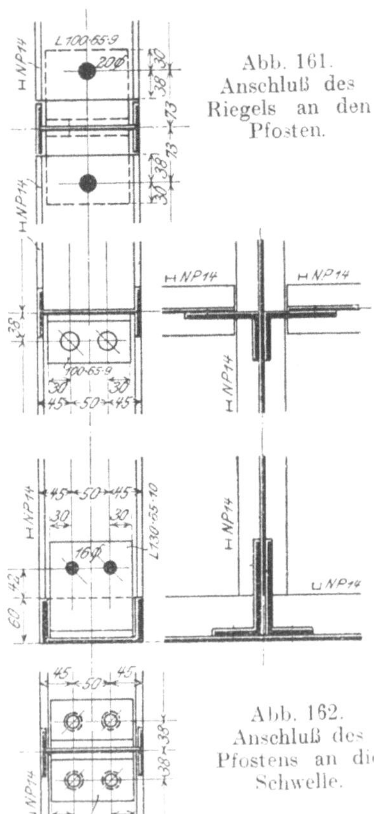

Abb. 161.
Anschluß des
Riegels an den
Pfosten.

Abb. 162.
Anschluß des
Pfostens an die
Schwelle.

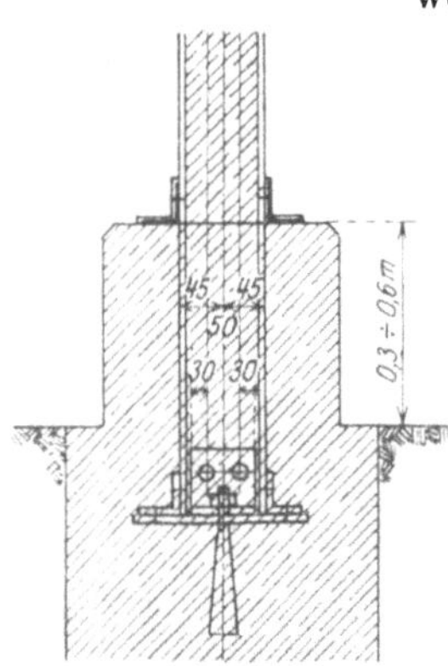

Abb. 163 u. 164. Kopf-
und Fußausbildung
des Pfostens.

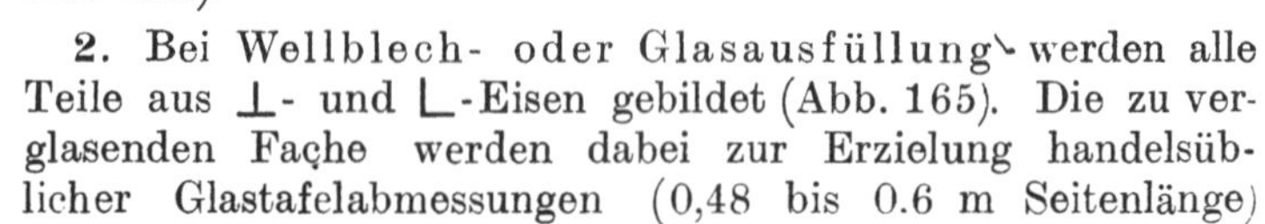

durch Zwischenpfosten (c_1 Abb. 160) und Zwischenriegel (e_1) untergeteilt, wie in Abb. 166 dargestellt, aus der auch der Anschluß an die Pfosten c (Hauptpfosten) ersichtlich ist.

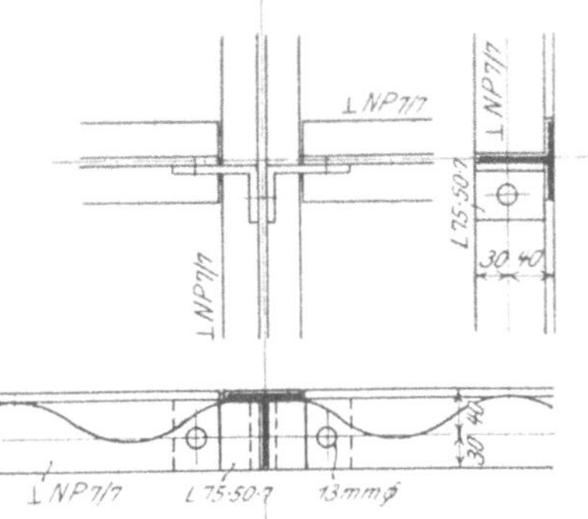

Abb. 165.
Anschluß des Riegels an den Pfosten.

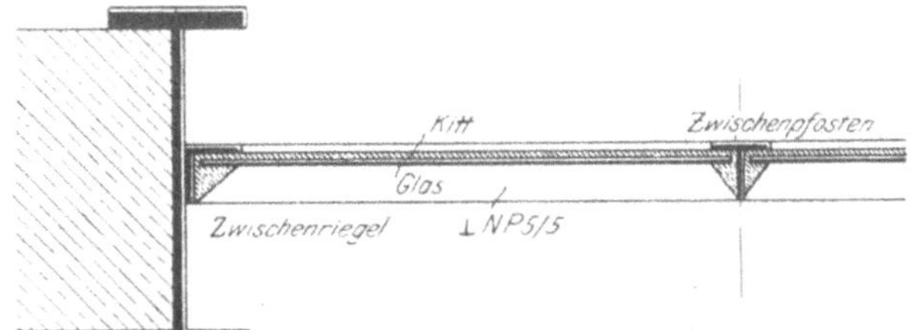
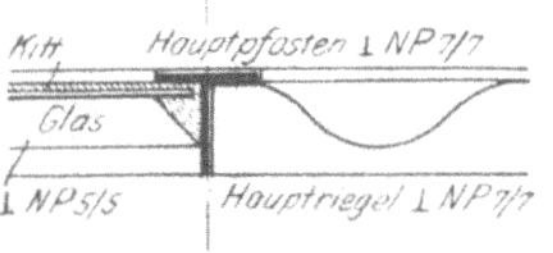

Abb. 166. Fachwand mit Glasausfüllung.

X. Treppen.

A. Die einzelnen Teile

einer Treppe (Abb. 167) sind:

1. die Stufen, und zwar die lotrechte Setz- und die wagerechte Tritt-stufe, deren Höhe s und Auftrittbreite b durch die Gleichung $2s + b = 63$ cm die Steigung der Treppe bestimmen ($s = 16 \div 18$ cm bei stark, $s \leq 24$ cm bei wenig begangenen Treppen). Zu ihrer Unterstützung dienen

2. die Wangen, entweder unterhalb der Stufen (aufgesattelte Treppe) oder in gleicher Höhe mit ihnen (eingeschobene Treppe) liegend. Ihre Entfernung voneinander bestimmt die Breite der Treppe ($\geq 1{,}2$ m bei stark, 0,4 bis 0,6 m bei wenig begangenen Treppen). Sie schließen sich an

3. die Podestträger, zwischen denen die Podeste (Ruheplätze) liegen, deren Länge gleich einem Vielfachen der Schrittweite (0,6 m) gemacht wird. Zwischen je zwei Podésten sollen mindestens 3, höchstens 18 Stufen liegen, die dann zusammen einen Treppenlauf bilden, je nach dessen Form man gerade, gewundene und Wendeltreppen unterscheidet. An den freien Seiten der Treppenläufe befindet sich

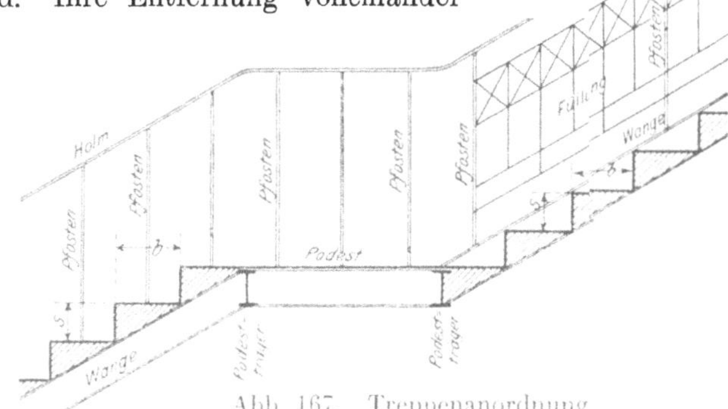

Abb. 167. Treppenanordnung.

4. das Geländer, bestehend aus Handleiste (Holm) und Pfosten; diese sind entweder eng gestellt (Abb. 167 links) oder aber weit (Abb. 167 rechts) und erfordern dann zum Schutz gegen Durchfallen eine besondere Geländerfüllung.

B. Gemischt eiserne Treppen.

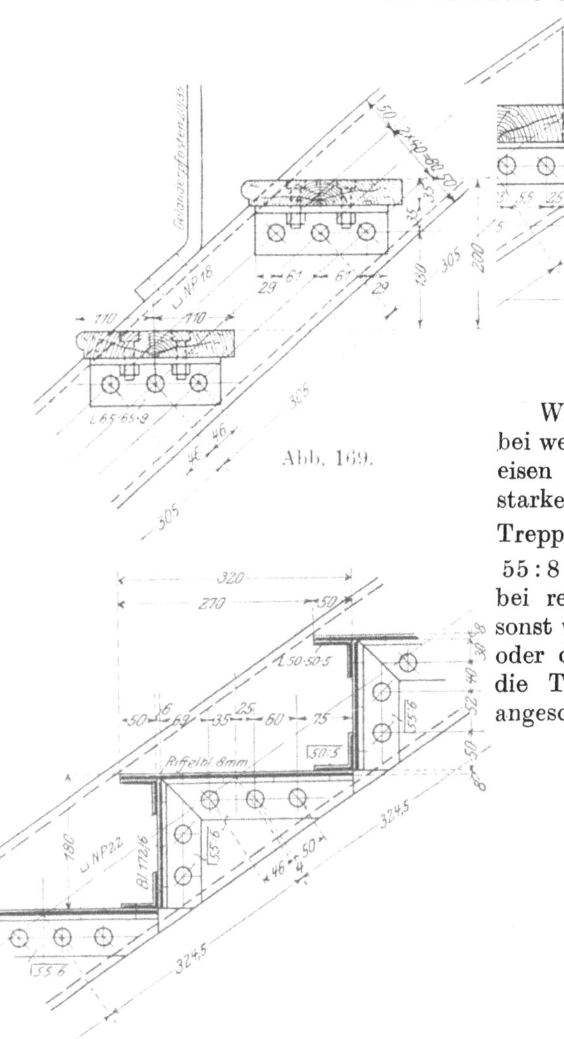

Die Wangen bestehen au[s] Flußeisen, die Stufen aus Hol[z] (Abb. 168, bei reinen Nutztrep[pen oft unter Fortfall der Setz[stufen, Abb. 169) oder aus Stei[n] (Werksteine als Blockstufen[, Abb. 170, oder eine zwische[n] den Wangen gespannte gewölbt[e] oder ebene Decke) oder end[lich seltener aus Gußeisen.

C. Rein eiserne Treppen.

Wangen aus ⊢- oder ⊔-Eisen (Abb. 171) bei wenig begangenen Treppen auch aus Flach[eisen (Abb. 172). Trittstufen aus 6—8 m[m] starkem Riffelblech, das bei mehr als 0,6 m[Treppenbreite durch Winkeleisen ($\overline{45:5}$ bi[s $55:8$) gesäumt wird. Die Setzstufen fehle[n bei reinen Nutztreppen oft ganz (Abb. 172) sonst werden sie aus 5—8 mm starkem glatte[m oder durchbrochenem Blech gebildet und a[n die Trittstufen mit Winkeleisen angeschlossen (Abb. 171).

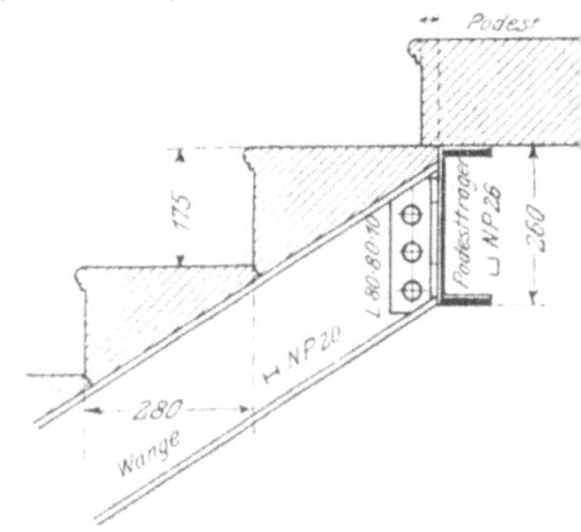

Abb. 168 u. 169. Eiserne Treppen mit Trittstufen in Holz.

Abb. 170. Eiserne Treppe mit Blockstufen.

D. Die Wendeltreppen

werden mit 0,6 bis 2,5 m Durchm. in Guß- oder Flußeisen hergestellt. Sie bestehen aus der Spindel (p in Abb. 173) aus Rundeisen oder Gasrohr, unten fest in Mauerwerk oder Beton gelagert, den nach einem Kreisausschnitt geformten Trittstufen t, den geraden Setzstufen s und den kreisförmig gebogenen Wangenstücken w, die aber bei flußeisernen Treppen oft fehlen. Alle drei Teile erhalten Bohrungen p zum Überschieben über die Spindel und Bohrungen g zum Durchstecken der Geländerstäbe; diese sind aus Rundeisen gebildet und unten mit Gewinde versehen. Durch Anziehen der Muttern m (Abb. 173) werden alle Teile fest zusammengepreßt.

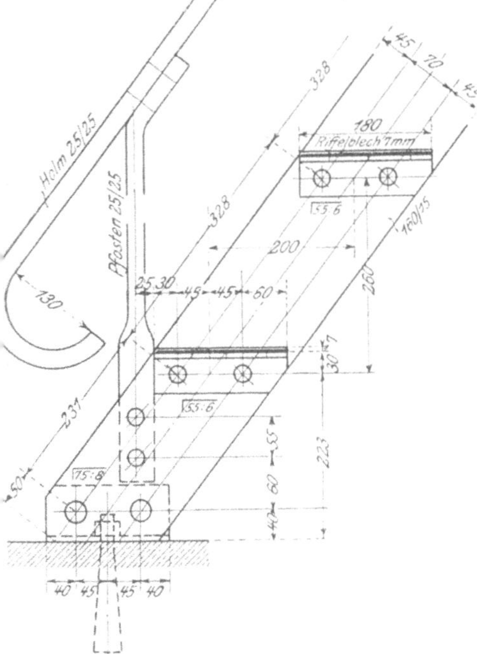

Abb. 171. Eiserne Treppe mit eisernen Tritt- und Setzstufen.

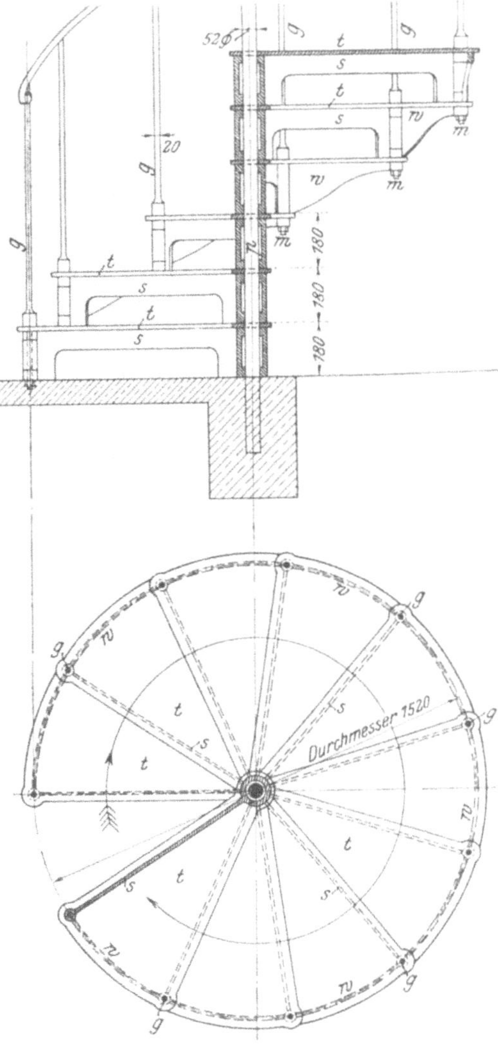

Abb. 172. Eiserne Nutztreppe ohne Setzstufen.

Abb. 173. Gußeiserne Wendeltreppe.

Druck von Oscar Brandstetter in Leipzig.

Die Grundzüge des Eisenbetonbaues. Von Geh. Hofrat Professor Dr. Ing. E. h. **M. Foerster,** Dresden. Zweite, verbesserte und vermehrte Auflage. Mit 170 Textabbildungen. 1921. Gebunden GZ. 9 / Gebunden $ 2.15

Vorlesungen über Eisenbeton. Von Dr.-Ing. **E. Probst,** ord. Professor an der Technischen Hochschule in Karlsruhe.

Erster Band: **Allgemeine Grundlagen. — Theorie und Versuchsforschung. — Grundlagen für die statische Berechnung. — Statisch unbestimmte Träger im Lichte der Versuche.** Zweite, umgearbeitete Auflage. Mit 70 Textabbildungen. Erscheint Ende Herbst 1923.

Zweiter Band: **Anwendung der Theorie auf Beispiele im Hochbau, Brückenbau und Wasserbau. — Grundlagen für die Berechnung und das Entwerfen von Eisenbetonbauten. — Allgemeines über Vorbereitung und Verarbeitung von Eisenbeton. — Richtlinien für Kostenermittlungen. — Architektur im Eisenbeton. — Amtliche Vorschriften.** Mit 71 Textfiguren. 1922. Gebunden GZ. 16 / Gebunden $ 3.60

Theorie und Berechnung der statisch unbestimmten Tragwerke. Elementares Lehrbuch. Von **H. Buchholz.** Mit 303 Textabbildungen. 1921. GZ. 11 / $ 2.25

Kompendium der Statik der Baukonstruktionen. Von Privatdozent Dr.-Ing. **J. Pirlet,** Aachen. In zwei Bänden.

Erster Band: **Die statisch bestimmten Systeme.** Vollwandige Systeme und Fachwerke. In Vorbereitung.

Zweiter Band: **Die statisch unbestimmten Systeme.** In vier Teilen.

1. Teil: Die allgemeinen Grundlagen zur Berechnung statisch unbestimmter Systeme. Die Untersuchung elastischer Formänderungen. Die Elastizitätsgleichungen und deren Auflösung. Mit 136 Textfiguren. 1921. GZ. 6.5; gebunden GZ. 8.5 / $ 1.45; gebunden $ 2.05

2. Teil: Berechnung der einfacheren statisch unbestimmten Systeme: Grade Balken mit Endeinspannungen und mehr als zwei Stützen. — Einfache Rahmengebilde. Zweigelenkbogen. — Gewölbe. — Armierte Balken. Mit 298 Textfiguren. 1923. GZ. 7.5; gebunden GZ. 9 / $ 1.80; gebunden $ 2.15

3. Teil: Die hochgradig statisch unbestimmten Systeme. Durchlaufende Träger auf starren und elastischen Stützen. Fachwerke mit starren Knotenpunktsverbindungen. — Stockwerkrahmen. — Vierendeelträger und verwandte Rahmengebilde. In Vorbereitung.

4. Teil: Das statisch unbestimmte Fachwerk. Aufgaben des Brücken- und Eisenhochbaues. In Vorbereitung.

Taschenbuch für Bauingenieure. Unter Mitwirkung von Fachleuten herausgegeben von Geh. Hofrat Prof. Dr.-Ing. E. h. **M. Foerster,** Dresden. Vierte, verbesserte und erweiterte Auflage. Mit 3193 Textfiguren. In zwei Teilen. 1921. Gebunden GZ. 24 / Gebunden $ 5.75

Freytag's Hilfsbuch für den Maschinenbau. Für Maschinentechniker sowie für den Unterricht an technischen Lehranstalten. Unter Mitwirkung von Fachleuten herausgegeben von Professor **P. Gerlach,** Chemnitz. Siebente Auflage. Erscheint Anfang 1924.

Taschenbuch für den Maschinenbau. Unter Mitarbeit von Fachleuten herausgegeben von Prof. **H. Dubbel,** Ingenieur, Berlin. Vierte, verbesserte Auflage. Mit etwa 2800 Textfiguren. In zwei Bänden. Erscheint im Herbst 1923.

Grundzüge der technischen Mechanik des Maschineningenieurs.

Ein Leitfaden für den Unterricht an maschinentechnischen Lehranstalten. Von Prof. Dipl.-Ing. **P. Stephan**, Regierungs-Baumeister. Mit 283 Textabbildungen. 1923. GZ. 2.5 / $ 0.60

Lehrbuch der technischen Mechanik.

Von Dr. phil. h. c. **Martin Grübler**, Professor an der Technischen Hochschule zu Dresden.

Erster Band: **Bewegungslehre.** Zweite, verbesserte Auflage. Mit 144 Textfiguren. 1921. GZ. 3.8 / $ 1

Zweiter Band: **Statik der starren Körper.** Zweite, berichtigte Auflage. (Unveränderter Neudruck.) Mit 222 Textfiguren. 1922. GZ. 7.5 / $ 1.80

Dritter Band: **Dynamik starrer Körper.** Mit 77 Textfiguren. 1921. GZ. 4.2 / $ 1

Leitfaden der Mechanik für Maschinenbauer.

Mit zahlreichen Beispielen für den Selbstunterricht. Von Dr.-Ing. **Karl Laudien**, Professor der Staatlichen Höheren Maschinenschule in Breslau. Mit 229 Textfiguren. 1921. GZ. 5.6 / $ 1.35

Technische Elementar-Mechanik.

Grundsätze mit Beispielen aus dem Maschinenbau. Von Dipl.-Ing. **Rudolf Vogdt**, Professor an der Staatlichen Höheren Maschinenbauschule in Aachen, Regierungsbaumeister a. D. Zweite, verbesserte und erweiterte Auflage. Mit 197 Textfiguren. 1922. GZ. 2.5 / $ 0.65

Aufgaben aus der technischen Mechanik.

Von **Ferdinand Wittenbauer**, o. ö. Professor an der Technischen Hochschule in Graz.

Erster Band: **Allgemeiner Teil.** 843 Aufgaben nebst Lösungen. Vierte, vermehrte und verbesserte Auflage. Mit 627 Textfiguren. Unveränderter Neudruck. 1921. Gebunden GZ. 5.5 / Gebunden $ 1.20

Zweiter Band: **Festigkeitslehre.** 611 Aufgaben nebst Lösungen und einer Formelsammlung. Dritte, verbesserte Auflage. Mit 505 Textfiguren. Unveränderter Neudruck. 1922. Gebunden GZ. 6.4 / Gebunden $ 1.40

Dritter Band: **Flüssigkeiten und Gase.** 634 Aufgaben nebst Lösungen und einer Formelsammlung. Dritte, vermehrte und verbesserte Auflage. Mit 433 Textfiguren. Unveränderter Neudruck. 1922. Gebunden GZ. 6.4 / Gebunden $ 1.40

Einführung in die Festigkeitslehre nebst Aufgaben aus dem Maschinenbau und der Baukonstruktion.

Ein Lehrbuch für Maschinenbauschulen und andere technische Lehranstalten sowie zum Selbstunterricht und für die Praxis. Von **Ernst Wehnert**, Ingenieur und Oberlehrer an der Städt. Gewerbe- und Maschinenbauschule in Leipzig. Zweite, verbesserte und vermehrte Auflage. Mit 247 in den Text gedruckten Figuren. Unveränderter Neudruck. 1921. GZ. 6 / $ 1.45

Die Lehre von der zusammengesetzten Festigkeit nebst Aufgaben

aus dem Gebiete des Maschinenbaues und der Baukonstruktion. Ein Lehrbuch für Maschinenbauschulen und andere technische Lehranstalten sowie zum Selbstunterricht und für die Praxis. Von **Ernst Wehnert**, Ingenieur und Oberlehrer an der Städt. Gewerbe- und Maschinenbauschule in Leipzig. Mit 142 Textfiguren. Anastatischer Neudruck. 1920. Gebunden GZ. 6.5 / Gebunden $ 1.75

Planimetrie mit einem Abriß über die Kegelschnitte. Ein Lehr- und Übungsbuch zum Gebrauche an technischen Mittelschulen. Von Dr. **Adolf Heß,** Professor am Kantonalen Technikum in Winterthur. Zweite Auflage. Mit 207 Textfiguren. 1920.
GZ. 2.5 / $ 0.60

Trigonometrie für Maschinenbauer und Elektrotechniker. Ein Lehr- und Aufgabenbuch für den Unterricht und zum Selbststudium. Von Dr. **Adolf Heß,** Professor am Kantonalen Technikum in Winterthur. Vierte, unveränderte Auflage. (Unveränderter Neudruck.) Mit 112 Textfiguren. 1922. GZ. 3 / $ 0.75

Lehrbuch der Mathematik. Für mittlere technische Fachschulen der Maschinen-
industrie. Von Professor Dr. **R. Neuendorff,** Oberlehrer an der Staatlichen Höheren Schiff- und Maschinenbauschule, Privatdozent an der Universität Kiel. Zweite, verbesserte Auflage. Mit 262 Textfiguren. 1919. Gebunden GZ. 6 / Gebunden $ 1.75

Weickert-Stolle, Praktisches Maschinenrechnen. Die wichtigsten
Erfahrungswerte aus der Mathematik, Mechanik, Festigkeits- und Maschinenlehre in ihrer Anwendung auf den praktischen Maschinenbau.

I. Teil: **Elementar-Mathematik.** Eine leichtfaßliche Darstellung der für Maschinenbauer und Elektrotechniker unentbehrlichen Gesetze von **A. Weickert,** Oberingenieur und Lehrer an höheren Fachschulen für Maschinenbau und Elektrotechnik.

Erster Band: **Arithmetik und Algebra.** Neunte, durchgesehene und vermehrte Auflage. 1921. GZ. 1.5; gebunden GZ. 2 / $ 0.35; gebunden $ 0.50

Zweiter Band: **Planimetrie.** Zweite, verbesserte Auflage. Mit 348 Textabbildungen. 1922. GZ. 4; gebunden GZ. 4.7 / $ 1; gebunden $ 1.20

Dritter Band: **Trigonometrie.** Zweite, verbesserte Auflage. Mit 106 Textabbildungen. 1923. GZ. 2.75; gebunden GZ. 3.75 / $ 0.60; gebunden $ 0.80

Vierter Band: **Stereometrie.** Zweite, verbesserte Auflage. Mit 90 Textabbildungen. 1923. GZ. 2.5; gebunden GZ. 3.25 / $ 0.60; gebunden $ 0.80

II. Teil: **Allgemeine Mechanik.** Eine leichtfaßliche Darstellung der für Maschinenbauer unentbehrlichen Gesetze der allgemeinen Mechanik als Einführung in die angewandte Mechanik. Achte Auflage, neu bearbeitet von Dipl.-Ing. **Hermann Meyer,** Professor, Studienrat an den Staatlichen Vereinigten Maschinenbauschulen zu Magdeburg, und Dipl.-Ing. **Rudolf Barkow,** Zivil-Ingenieur in Charlottenburg. Mit 152 in den Text gedruckten Abbildungen, 192 vollkommen durchgerechneten Beispielen und 152 Aufgaben. 1921.
GZ. 1.5; gebunden GZ. 2 / $ 0.35; gebunden $ 0.45

III. Teil: **Festigkeitslehre und angewandte Mechanik** mit Beispielen des praktischen Maschinenrechnens in elementarer Darstellung. Bearbeitet von **A. Weickert,** Oberingenieur und Lehrer an Höheren Fachschulen für Maschinenbau und Elektrotechnik.

I. Band: **Festigkeitslehre.** Siebente, umgearbeitete und vermehrte Auflage. Mit 94 in den Text gedruckten Abbildungen, vielen vollkommen durchgerechneten Beispielen, Aufgaben und 20 Tafeln. 1921.
Gebunden GZ. 2 / Gebunden $ 0.45

II. Band: **Angewandte Mechanik.** In Vorbereitung.

IV. Teil: **Ausgewählte Kapitel aus der Maschinenmechanik und der technischen Wärmelehre.** Zweite Auflage. In Vorbereitung.

Das praktische Jahr in der Maschinen- und Elektromaschinen-
fabrik. Ein Leitfaden für den Beginn der Ausbildung zum Ingenieur. Von Dipl-Ing. **F. zur Nedden.** Zweite, vermehrte Auflage. Überarbeitet und neu herausgegeben auf Veranlassung und unter Mitwirkung des Deutschen Ausschusses für Technisches Schulwesen. Mit 6 Textabbildungen. 1921. Gebunden GZ. 4.8 / Gebunden $ 1.20